KB178952

갈릴레이가 들려주는 낙하 이론 이야기

갈릴레이가 들려주는 낙하 이론 이야기

ⓒ 정완상, 2010

초 판 1쇄 발행일 | 2005년 3월 23일
개정판 1쇄 발행일 | 2010년 9월 1일
개정판 16쇄 발행일 | 2021년 5월 28일

지은이 | 정완상
펴낸이 | 정은영
펴낸곳 | (주)자음과모음

출판등록 | 2001년 11월 28일 제2001-000259호
주   소 | 04047 서울시 마포구 양화로6길 49
전   화 | 편집부 (02)324-2347, 경영지원부 (02)325-6047
팩   스 | 편집부 (02)324-2348, 경영지원부 (02)2648-1311
e-mail | jamoteen@jamobook.com

ISBN 978-89-544-2008-2 (44400)

갈릴레이가
들려주는

낙하 이론
이야기

| 정완상 지음 |

|주|자음과모음

갈릴레이를 꿈꾸는 청소년들을 위한
'낙하 이론' 과학 혁명

물리학의 시작을 알리는 가장 혁명적인 사건은 갈릴레이의 낙하 이론입니다. 즉, 무거운 물체와 가벼운 물체가 같은 높이에서 떨어지는 데 같은 시간이 걸린다는 것이죠. 갈릴레이는 물체의 여러 가지 운동에 대해 처음으로 생각한 물리학자입니다. 그는 속도, 가속도 등을 정의하여 진자 운동이나 비탈면에서 내려오는 공의 운동을 다루었습니다.

운동에 대한 갈릴레이의 많은 실험과 관찰은 물체의 운동을 분석하는 데 가장 중요한 도구가 됩니다. 그래서 힘과 운동에 관한 물리를 처음 공부하고자 하는 학생들에게는 갈릴레이의 강의가 먼저 이루어져야 한다고 생각했습니다.

저는 KAIST에서 물리학을 심도 있게 공부하고 대학에서 힘과 운동에 대해 강의했던 내용을 토대로 이 책을 집필하였습니다.

이 책은 갈릴레이가 한국에 와서 우리 청소년들에게 9일간의 수업을 통해 낙하 이론과 속도의 개념을 느낄 수 있게 하는 것으로 설정되어 있습니다. 갈릴레이는 참석한 청소년들에게 질문을 하며 간단한 일상 속의 실험을 통해 여러 가지 운동과 낙하 이론을 가르치고 있습니다.

물론 이 내용은 수식으로 이루어져 있어 조금 어려울 수 있지만, 많은 청소년들이 주변에서 여러 가지 운동을 보게 되는 만큼 이런 운동을 옳게 분석해 보는 것이 나쁘지 않다고 생각합니다. 청소년들이 쉽게 갈릴레이의 물리학을 이해하여 한국에서도 언젠가는 훌륭한 물리학자가 나오길 간절히 바랍니다.

끝으로 이 책을 출간할 수 있도록 배려하고 격려해 준 강병철 사장님과 편집부의 모든 식구들에게 감사의 뜻을 표합니다.

정 완 상

차례

속력이란 무엇일까요?

속력이란 물체가 얼마나 빠른가를 나타내는 것입니다.
속력을 구하는 방법에 대해 배워 봅시다.

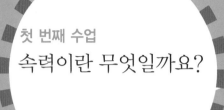

첫 번째 수업

속력이란 무엇일까요?

갈릴레이가 반갑게 인사하며
첫 번째 수업을 시작했다.

물체의 속력

  속력이란 물체가 얼마나 빠르냐는 것을 숫자로 나타낸 것입
니다.
  속력은 거리를 시간으로 나눈 값으로 다음과 같이 쓸 수 있
습니다.

$$속력 = 거리 \div 시간 = \frac{거리}{시간}$$

우선 속력이 변하지 않을 때를 생각해 봅시다. 이런 경우를 일정한 속력이라고 하지요. 이 말의 뜻을 정확하게 나타내면 다음과 같습니다.

물체가 일정한 속력으로 움직인다는 것은 물체가 움직일 때, 어떤 시간 간격을 잡든 같은 시간 동안 움직인 거리는 같다는 뜻이다.

이 말의 뜻을 알아보기 위해 실험을 해 봅시다.

갈릴레이는 기다란 두루마리 종이에 봉을 끼워 한 학생이 잡고 있게 하고 종이 끝을 다른 학생에게 일정한 속력으로 잡아당기게 했다. 그리고 1초마다 1번씩 울리는 비트 박스를 설치하고, 또 다른 학생을 시

켜 비트 박스가 울릴 때마다 종이에 신발을 올려놓으라고 했다.

종이 위에 놓인 신발 사이의 간격이 일정하지요? 이것은 종이를 일정한 속력으로 잡아당겼기 때문입니다. 이때 신발은 일정한 속력으로 움직입니다. 신발과 신발 사이의 간격이 얼마지요?

__1m입니다.

종이는 1초에 1m를 움직였습니다. 물론 신발도 1초에 1m를 움직였지요. 그러니까 종이의 속력은 1m/초입니다. 초는 영어로 second이니까 그 앞 철자를 따서 s라고 씁니다. 그러니까 종이의 속력 또는 종이 위에 놓인 신발의 속력은 1m/s입니다.

신발과 신발 사이가 시간 간격을 나타내고, 두 신발 사이의 거리가 움직인 거리가 됩니다. 그럼 하나의 신발을 올려놓고 2번 더 신발을 올려놓을 때까지 처음 올려놓은 신발이 움직인 거리는 얼마지요?

__2m입니다.

처음 올려놓은 신발은 비트 박스가 2번 치는 동안 움직였습니다. 그러니까 2초 동안 움직였지요. 신발이 2초 동안 2m를 움직였군요. 그러므로 신발의 속력은 $\frac{2}{2}$ = 1(m/s)입니다.

이렇게 일정한 속력으로 움직이는 종이 위에 1초마다 하나
씩 올려놓은 신발은 일정한 속력으로 움직입니다. 이때 어떤
시간 간격을 택해도 그 시간 간격에 대한 움직인 거리의 비는
일정하지요. 이것이 바로 일정한 속력으로 움직이는 물체의
운동입니다.

이번에는 빠르기가 달라지는 경우를 봅시다.

갈릴레이는 종이를 당기는 학생에게 점점 빠르게 종이를 잡아당기
게 했다. 그리고 1초마다 울리는 비트 박스 소리에 맞춰 종이 위에
신발을 올려놓으라고 했다. 첫 번째 신발을 올려놓고 3초가 흘렀다.

신발 사이의 간격이 달라졌군요. 이것은 종이의 빠르기가
달라진 것을 의미합니다. 처음 올려놓은 신발이 처음 1초 동

안 움직인 거리는 얼마인가요?

　　__1m입니다.

　　그 신발이 다음 1초 동안 움직인 거리는 얼마인가요?

　　__2m입니다.

　　그 신발이 그 다음 1초 동안 움직인 거리는 얼마인가요?

　　__3m입니다.

　　1초마다 신발이 움직인 거리가 길어졌군요. 같은 시간 동안 움직인 거리가 길다는 것은 속력이 더 크다는 것을 의미합니다.

　　각 경우 신발이 움직인 거리를 정리해 봅시다.

0 ~ 1초 : 움직인 거리 = 1m

1 ~ 2초 : 움직인 거리 = 2m

2 ~ 3초 : 움직인 거리 = 3m

각 시간 간격 동안 물체의 속력을 구해 봅시다.

0 ~ 1초 : 속력 $= \dfrac{1}{1} = (1\text{m/s})$

1 ~ 2초 : 속력 $= \dfrac{2}{1} = (2\text{m/s})$

$$2 \sim 3\text{초} : \text{속력} = \frac{3}{1} = 3\text{m/s}$$

속력이 점점 증가한다는 것을 알 수 있습니다. 이렇게 종이와 신발만으로도 물체의 속력에 대해 알아볼 수 있답니다.

평균 속력

지금까지 이야기한 속력은 일정한 시간 간격 동안 물체의 빠르기를 나타냅니다. 이러한 속력을 평균 속력이라고 하지요.

갈릴레이는 미나에게는 일정한 속력으로 움직이는 모터 킥보드를 타게 하고, 진우에게는 천천히 걷다가 점점 빨리 뛰어 모터 킥보드와 100m 지점을 같은 시각에 통과하게 한 후 시간을 재었다.

두 사람은 100m를 움직이는 데 같은 시간이 걸렸습니다. 얼마나 걸렸지요?

__20초입니다.

두 사람의 속력은 모두 $\frac{100}{20} = 5$(m/s)입니다. 미나는 빠르기가 변하지 않는 모터 킥보드를 타고 갔으므로 도중에 속력이 달라지지 않았습니다. 하지만 진우는 처음에는 천천히 걸을 때는 속력은 작고, 나중에 빨리 뛸 때는 속력이 클 것입니다. 즉, 진우는 도중에 속력이 달라졌습니다.

하지만 도중의 빠르기 변화를 생각하지 않고 두 사람이 100m를 움직이는 데 얼마나 걸렸는가만 따지면, 똑같은 시간이 걸렸다고 해야 합니다. 즉, 두 사람은 같은 거리를 같은 시간 동안 움직였습니다.

이렇게 도중의 빠르기가 달라지는 것은 고려하지 않고 전체 거리를 걸린 시간으로 나누어 준 속력을 그 시간 동안의 평균 속력이라고 합니다. 앞의 경우 미나와 진우의 평균 속력은 같습니다.

그럼 도중의 빠르기는 어떻게 알 수 있을까요? 그것은 아주 짧은 시간 동안의 평균 속력을 구하면 됩니다. 예를 들어, 진우가 3초부터 3.00001초 동안 0.00001m를 움직였다고 합시다. 이 시간 동안 진우의 평균 속력은 얼마일까요?

진우가 움직인 시간은 0.00001초이고 움직인 거리는 0.00001m이니까 진우의 평균 속력은 $\frac{0.00001}{0.00001}$ = 1(m/s)입니다. 이 경우 3초와 3.00001초는 아주 짧은 시간 간격입니다. 그러므로 이때의 평균 속력을 3초 때의 물체의 속력이라고 생각할 수 있습니다. 이렇게 3초로부터 아주 짧은 시간 동안의 평균 속력을 3초 때의 순간 속력이라고 합니다.

갈릴레이는 학생들을 버스에 태웠다. 그리고 버스의 속력계 바늘을 보게 했다. 버스가 움직였다.

속력계의 바늘이 계속 변하고 있지요? 이것이 바로 버스의 순간 속력을 나타낸답니다.

여기서부터는 시속 60km 구간이군요. 속력을 좀 줄여야겠네요.

선생님, 속력이란 무엇인가요?

속력은 거리를 시간으로 나눈 값이에요. 속력 = $\dfrac{거리}{시간}$ 이지요.

너는 그것도 모르니? 속력은 물체의 빠르기를 나타낼 때 사용하는 거야.

그리고 만약 물체가 일정한 속력으로 움직인다면 어떤 시간 간격을 잡든 같은 시간에 움직인 거리는 같게 되는 거고. 그렇죠, 선생님

네, 맞아요.

그럼 이 자동차처럼 매번 속력이 변하는 경우에는 어떻게 속력을 표현할 수 있어?

그건, 그러니까….

그런 경우에는 평균 속력으로 나타낼 수 있어요. 평균 속력은 중간에 빠르기가 달라지는 것을 고려하지 않고, 전체 거리를 걸린 시간으로 나눈 겁니다. 그렇다면 특정한 순간의 빠르기는 어떻게 구할 수 있을까요?

그거야 아주 짧은 시간 동안의 평균 속력을 구하면 되지 않을까요?

맞아요. 예를 들면 3초에서 3.00001초 움직인 속력을 재는 거예요. 이렇게 아주 짧은 시간 동안의 평균 속력을 3초 때의 순간 속력이라고 해요. 이 차의 속력계는 바로 이 차의 순간 속력을 나타내는 겁니다.

2

속도란 무엇일까요?

물체의 빠르기와 물체가 움직이는 방향을 나타내는 방법은 무엇일까요?
물체의 속도에 대해 알아봅시다.

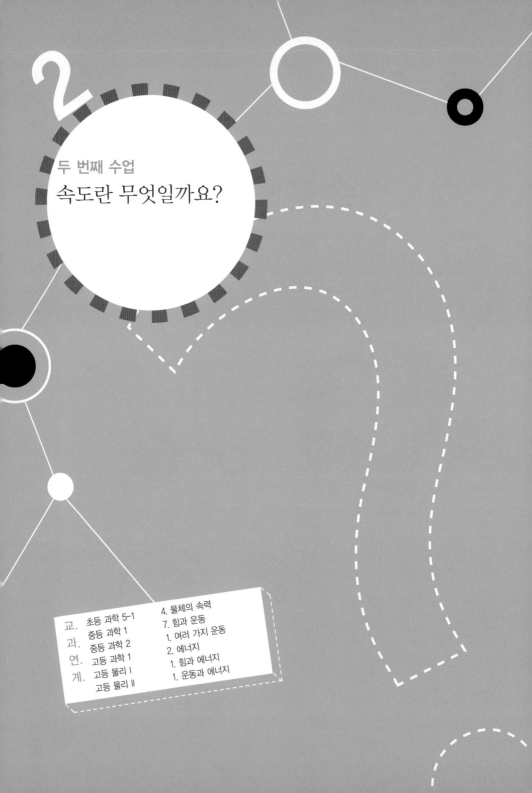

두 번째 수업

속도란 무엇일까요?

갈릴레이의 두 번째 수업은
운동장에서 진행되었다.

속력과 속도

갈릴레이는 미나와 진우를 불렀다. 그리고 서로 등을 마주 대고 서
있게 했다.

이제 미나와 진우가 3초 동안 같은 거리를 움직여 보도록
하겠습니다.

학생들은 1초, 2초, 3초를 외쳤고 둘은 반대 방향으로 걸어갔다.

두 사람은 3초 동안 움직였어요. 얼마나 움직였나요?

__3m를 움직였습니다.

두 사람의 속력은 얼마인가요?

__속력은 물체가 움직인 거리를 걸린 시간으로 나눈 양이니까 두 사람 모두 속력은 1m/s입니다.

하지만 진우는 왼쪽으로, 미나는 오른쪽으로 움직였지요? 그러니까 이렇게 말할 수 있습니다.

진우 : 왼쪽으로 1m/s의 속력으로 움직였다.

미나 : 오른쪽으로 1m/s의 속력으로 움직였다.

아하! 방향을 가리키는 오른쪽, 왼쪽이라는 말이 속력 앞에 붙었군요. 그런데 조금 불편하군요. 좀 더 편리한 방법이 없을까요? 그래서 물리학자들은 좌표를 사용했답니다. 좌표는 여러분이 이미 배운 적이 있듯이, 수직선의 점에 대응되는 수입니다. 그리고 처음 위치는 원점이라고 하고 수직선의 0에 대응을 시킵니다. 그럼 두 사람은 모두 처음에 좌표가 0인 곳에 있었습니다.

미나는 오른쪽으로 3m를 가면 되니까 수직선에서 좌표 3인 곳까지 이동했군요. 하지만 진우는 왼쪽으로 이동해야 하는데 어디로 가지요? 그래서 수직선을 확장해야 합니다.

수직선에서 좌표가 0인 점의 오른쪽에 있는 수를 양수라고 하고 수 앞에 +를 붙입니다. 반대로 좌표가 0인 점의 왼쪽에 있는 수를 음수라고 하고 수 앞에 −를 붙입니다. 그러니까 −1

과 +1은 0으로부터 같은 거리에 있는 음수와 양수입니다.

이제 진우가 움직여 간 곳도 수직선 위에 나타내 봅시다.

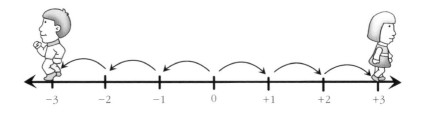

수직선 위에 두 사람이 처음에 있던 곳에서 나중에 움직여 간 곳까지 화살표를 그려 봅시다.

이 화살표가 바로 두 사람이 움직인 방향입니다. 이렇게 화살표로 나타내는 물리량을 벡터라고 하지요. 이때 나중 위치의 좌표에서 처음 위치의 좌표를 뺀 값을 물체가 움직인 변위라고 합니다. 그리고 처음 위치에서 나중 위치로 향하는 화살표를 변위 벡터라고 합니다.

두 사람의 변위를 구해 봅시다.

진우의 변위 = $(-3m) - 0 = -3m$

미나의 변위 = $(+3m) - 0 = +3m$

거리 대신 변위를 사용하니까 부호가 붙었군요. 거리에는 두 사람이 움직인 방향을 나타낼 수 없지만, 변위에는 두 사람이 움직인 방향을 나타낼 수 있습니다. 진우의 변위가 음수이므로 진우는 왼쪽으로 움직였고, 미나의 변위가 양수이므로 미나는 오른쪽으로 움직였습니다.

이제 속도를 정의합시다. 속도는 물체의 빠르기뿐 아니라 물체가 움직이는 방향까지 나타내는 양이므로, 변위를 시간으로 나눈 값으로 정의하지요.

$$속도 = \frac{변위}{시간}$$

이제 두 사람의 속도를 구해 봅시다.

진우의 속도 = $\frac{-3}{3} = -1(m/s)$

$$미나의\ 속도 = \frac{+3}{3} = +1(m/s)$$

아하! 진우의 속도는 음수이고, 미나의 속도는 양수이군요. 여기서 속도의 부호는 물체가 움직이는 방향을 나타내고, 수는 물체의 속력을 나타냅니다. 그러니까 속도를 나타내면 물체가 움직이는 방향과 속력을 동시에 알 수 있습니다.

평면에서 움직일 때의 속도

물체가 평면에서 움직일 때는 속도를 어떻게 정의할까요?

갈릴레이는 학생들에게 시간을 재라고 하고, 자신은 북쪽으로 갔다가 동쪽으로 걸어가서 멈췄다.

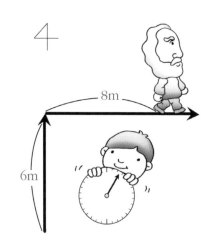

내가 3초 동안 북쪽으로 6m를 갔다가 다음 2초 동안 동쪽으로 8m를 갔지요? 전

체 움직인 시간은 얼마인가요?

　__5초입니다.

　전체 움직인 거리는 얼마인가요?

　__6 + 8 = 14이므로 14m입니다.

　그러므로 나의 속력은 14초를 5초로 나눈 2.8m/s입니다. 그럼 나의 속도를 알아봅시다. 그러기 위해서는 먼저 변위 벡터를 그려야 합니다. 처음 위치에서 나중 위치로 향하는 화살표를 그려 보세요.

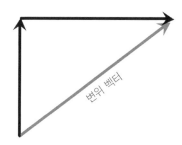

　파란색 화살표가 바로 변위 벡터입니다. 변위를 시간으로 나눈 것이 속도이므로 이 화살표의 방향이 바로 속도의 방향입니다. 이제 속도의 크기를 구해야겠군요. 속도의 크기는 변위 벡터의 길이를 시간으로 나눈 값입니다.

　위의 그림에서 화살표의 길이는 어떻게 구하죠? 이것을 구하려면 피타고라스의 정리를 알아야 합니다.

갈릴레이는 직각삼각형을 그렸다. 각 변의 길이는 다음과 같았다.

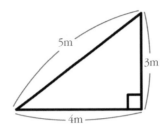

빗변의 길이가 제일 길지요? 빗변이 아닌 다른 두 변의 길이를 각각 제곱하여 더하면 $3^2 + 4^2$이고, 이 값을 계산하면 25입니다. 25는 어떤 수의 제곱으로 나타낼 수 있나요?

__5^2입니다.

그러므로 세 변의 길이에 대해서는 다음 식이 성립합니다.

$$3^2 + 4^2 = 5^2$$

어랏! 두 변의 길이 제곱의 합이 빗변의 길이 제곱과 같아지는군요.

갈릴레이는 다음과 같이 또 다른 직각삼각형을 그렸다.

빗변이 아닌 다른 두 변의 길이를 각각 제곱하여 더하면

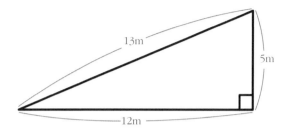

$5^2 + 12^2$이고, 이 값을 계산하면 169입니다. 169는 어떤 수의 제곱으로 나타낼 수 있나요?

＿ 13^2입니다.

그러므로 세 변의 길이에 대해서는 다음 식이 성립합니다.

$$5^2 + 12^2 = 13^2$$

이번에도 두 변의 길이 제곱의 합이 빗변의 길이 제곱과 같아지는군요. 이것을 피타고라스의 정리라고 합니다.

피타고라스의 정리 : 직각 삼각형에서 빗변이 아닌 다른 두 변의 길이의 제곱의 합은 빗변의 길이의 제곱과 같다.

이제 원래의 문제로 돌아가서 변위를 구해 봅시다.

변위의 크기는 빗변의 길이입니다. $6^2 + 8^2 = 10^2$이므로 빗변

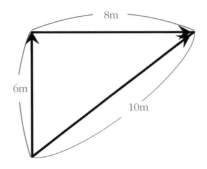

의 길이는 10m입니다. 그러므로 나의 속도의 크기는 $\frac{10}{5}$ = 2(m/s)가 됩니다. 그러니까 나는 2m/s의 빠르기로 화살표 방향으로 움직였습니다. 물론 그 방향은 변위의 방향이고 동시에 속도의 방향입니다. 이렇게 평면에서 움직일 때는 속력과 속도가 달라질 수 있답니다.

물론 지금까지 얘기한 속도는 일정 시간 동안의 평균 속도입니다. 이때도 시간 간격이 아주 짧아지면 순간 속도를 정의할 수 있습니다.

평면 좌표의 이용

물체가 직선을 따라 움직일 때처럼 평면에서 방향을 바꾸면서 움직일 때도 좌표를 사용할 수 있을까요? 물론입니다.

평면에서의 좌표는 다음과 같이 2개의 서로 수직으로 만나는 수직선을 이용하여 나타냅니다.

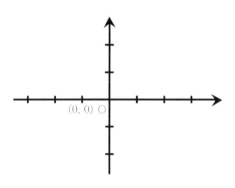

두 수직선이 만나는 점을 원점(O)이라 하고 좌표로는 (0, 0)이라고 씁니다. 그림에서 한 눈금이 1m를 나타낸다고 합시다. 그러므로 내가 북쪽으로 6m를 갔다가 동쪽으로 8m를 갔을 때 다음과 같이 화살표로 나타낼 수 있습니다.

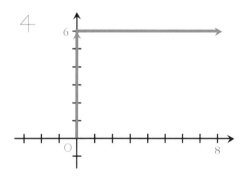

변위 벡터를 화살표로 그려 봅시다.

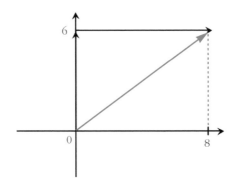

변위 벡터의 나중 위치의 좌표는 얼마인가요?

＿(6, 8)입니다.

변위 벡터의 처음 위치의 좌표는 얼마인가요?

＿(0, 0)입니다.

이때 변위는 나중 위치의 좌표에서 처음 위치의 좌표를 뺀 값으로 정의됩니다. 그러니까 다음과 같지요.

변위 벡터 = (6, 8) − (0, 0) = (6, 8)

이렇게 평면에서의 변위 벡터도 좌표를 이용하여 나타낼 수 있답니다.

100미터 달리기 시합할까? 아마 내가 너보다 속도가 훨씬 빠를 거야?

바보, 그때는 속도가 아니라 속력이라고 하는 거야.

속도와 속력은 같은 말 아니야?

아니, 속도와 속력은 서로 다른 말이야. 속도와 속력이 어떻게 다른지 내가 알려 줄게. 나와 등을 대고 서 봐.

3초를 잴 때까지 각각 앞으로 걸어간 다음 그동안 이동한 거리를 재는 거야.

알았어.

우리 둘 다 3초 동안에 3m 이동했어.

너는 왼쪽으로 1m/s의 속력으로, 나는 오른쪽으로 1m/s의 속력으로 움직였다고 말할 수 있어.

그럼 매번 속도를 표현할 때 왼쪽으로 1m/s의 속력으로 움직였다고 해야 하는 거야?

아니, 속도를 표현할 때는 오른쪽, 왼쪽이라는 말 대신 간단하게 부호를 이용해서 움직인 방향을 표시해.

그러니까 너와 나의 속도는 다음과 같이 간단히 표현할 수 있어.

진우의 속도= $\dfrac{-3}{3}$ =-1(m/s)

미나의 속도= $\dfrac{+3}{3}$ =+1(m/s)

아, 이렇게 간단한 표현을 통해 물체가 움직이는 방향과 속력을 동시에 알 수 있구나.

3

가속도란 무엇일까요?

속도가 달라지는 것을 나타낼 때는 무엇을 사용해야 할까요?
가속도에 대해 알아봅시다.

3

세 번째 수업

가속도란 무엇일까요?

갈릴레이가
가속도에 대해 알아보자며
세 번째 수업을 시작했다.

가속도

물체의 속도가 변하는 경우 일정한 시간 동안 속도가 얼마나 변하는가를 나타내는 양을 가속도라고 합니다.

자동차와 트럭이 정지해 있다가 같은 방향으로 움직여서 자동차는 2초 후에 속도가 20m/s로 되었고, 트럭은 5초 후 25m/s가 되었다고 합시다.

두 경우 속도의 변화를 구해 봅시다. 속도의 변화는 나중 속도에서 처음 속도를 뺀 값입니다. 두 차의 경우 처음에는 정지

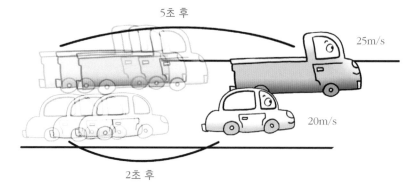

5초 후

25m/s

20m/s

2초 후

해 있었으니까 처음 속도는 0입니다. 그러므로 다음과 같지요.

트럭의 속도 변화 = 25m/s − 0 = 25m/s

자동차의 속도 변화 = 20m/s − 0 = 20m/s

물론 트럭 속도 변화가 더 큽니다. 하지만 트럭은 속도가 변하는 데 더 긴 시간이 필요했습니다. 공평하게 비교하기 위해 같은 시간 동안 속도의 변화를 비교하는 물리량이 필요합니다. 그것이 바로 가속도이지요.

자동차에 대해 1초 동안의 속도 변화를 ☐라고 하면 다음과 같이 비례식을 세울 수 있습니다.

2초 : 20m/s = 1초 : ☐ m/s

따라서 자동차는 1초 동안 속도가 10m/s 변합니다.

트럭에 대해 1초 동안의 속도 변화를 □라고 하면 다음과 같이 비례식을 세울 수 있습니다.

5초 : 25m/s = 1초 : □ m/s

트럭은 1초 동안 속도가 5m/s 변합니다. 그러므로 같은 시간 동안 자동차의 속도 변화가 트럭의 속도 변화보다 큽니다. 이렇게 같은 시간 동안 물체의 속도가 얼마나 많이 변했는가를 나타내는 양이 바로 가속도입니다. 즉, 가속도는 다음과 같이 정의됩니다.

$$가속도 = \frac{속도의\ 변화}{시간}$$

그러므로 가속도의 단위는 속도의 단위 m/s를 시간의 단위 s로 나눈 m/s^2이 됩니다. 두 차의 가속도를 계산하면 다음과 같지요.

$$자동차의\ 가속도 = \frac{20}{2} = 10(m/s^2)$$

트럭의 가속도 $= \dfrac{25}{5} = 5(\text{m/s}^2)$

그러므로 같은 시간 동안 속도 변화가 더 큰 자동차의 가속도가 더 큽니다.

속도의 방향은 물체가 움직이는 방향입니다. 그렇다면 가속도의 방향도 물체가 움직이는 방향일까요? 확인해 봅시다.

정지해 있다가 3초 후 12m/s의 속도가 되는 버스의 가속도를 구해 봅시다. 버스는 오른쪽으로 움직인다고 합시다. 그러므로 속도의 방향은 오른쪽입니다.

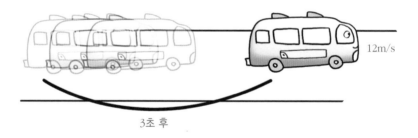

3초 후

이때 가속도는 $\dfrac{12-0}{3} = 4(\text{m/s}^2)$이 됩니다.

이번에는 12m/s의 속도로 달리던 버스가 3초 후에 멈추는 경우를 봅시다. 역시 버스는 오른쪽으로 움직인다고 하지요. 이때 가속도는 $\dfrac{0-12}{3} = -4(\text{m/s}^2)$입니다. 가속도가 음수가 되었군요. 오른쪽 방향을 양의 방향으로 택하였으므로 이때 가속도의 방향은 왼쪽 방향입니다.

그러므로 다음과 같은 결론에 도달합니다.

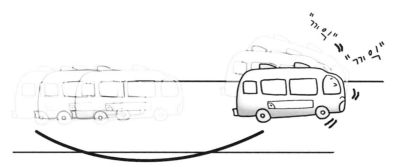

12m/s로 달리다가 3초 후 정지

물체의 속도가 증가하면 가속도의 방향은 물체가 움직이는 방향이다.

물체의 속도가 감소하면 가속도의 방향은 물체가 움직이는 방향과 반대

이다.

여기서 물체가 움직이는 방향이 항상 가속도의 방향이 아

니라는 점은 아주 중요합니다.

속도가 변하지 않을 때는 가속도가 어떻게 될까요? 예를 들

어, 12m/s의 속도로 달리던 버스가 3초 후에도 여전히 12m/s의

속도로 달린다고 해 봅시다. 역시 버스는 오른쪽으로 움직인다

고 하지요.

나중 속도는 얼마일까요?

＿12m/s입니다.

처음 속도는 얼마이지요?

＿12m/s입니다.

처음 속도와 나중 속도가 같으므로 속도의 변화는 없습니다. 그러니까 버스의 속도 변화는 0입니다. 그렇다면 속도 변화를 시간으로 나눈 것이 가속도이므로 가속도 역시 0이 됩니다.

속도가 변하지 않으면 가속도는 0이다.

일정한 가속도의 운동

가속도가 일정한 운동은 어떤 운동일까요? 예를 들어, 어떤 자동차가 처음 정지 상태에 있다가 일정한 가속도 $3m/s^2$으로 가속되었다고 합시다. 가속도가 일정하므로 어떤 시간 간격을 택해도 가속도는 $3m/s^2$이 됩니다. 이 자동차의 1초 후의 속도를 구해 봅시다.

자동차가 처음 정지해 있었으므로 처음 속도는 0입니다. 1초 후 자동차의 속도를 □(m/s)라고 합시다. 그럼 자동차의 속도 변화는 □ - 0 = □ (m/s)가 되지요. 그리고 시간은 1초이니까 $\dfrac{□}{1}$ = 3(m/s²)에서 □ = 3이 됩니다. 즉, 1초 후 자동차의 속도는 3m/s가 되지요.

이번에는 2초 후 자동차의 속도를 구해 봅시다. 2초 후 자동차의 속도를 □(m/s)라고 합시다. 그럼 자동차의 속도 변화는 □ - 0 = □(m/s)가 되지요. 그리고 시간은 2초이니까 $\dfrac{□}{2}$ = 3(m/s²)에서 □ = 6이 됩니다. 즉, 2초 후 자동차의 속도는 6m/s가 되지요.

이번에는 3초 후 자동차의 속도를 구해 봅시다. 3초 후 자동차의 속도를 □(m/s)라고 합시다. 그럼 자동차의 속도 변화는 □ - 0 = □(m/s)가 되지요. 그리고 시간은 3초이니까 $\dfrac{□}{3}$ = 3(m/s²)에서 □ = 9가 됩니다. 즉, 3초 후 자동차의 속도는 9m/s가 되지요.

지금까지의 결과를 정리해 봅시다.

0초 때 속도 = 0

1초 때 속도 = 3m/s

2초 때 속도 = 6m/s

3초 때 속도 = 9m/s

속도가 점점 커지는군요. 그것은 가속도 때문입니다. 이렇게 일정한 가속도를 받을 때 물체의 속도는 점점 커집니다. 그럼 각 시각에서의 물체의 속도가 가속도와 어떤 관계가 있을까요? 위 식을 다음과 같이 써 봅시다.

0초일 때 속도 = $3(m/s^2) \times 0$

1초일 때 속도 = $3(m/s^2) \times 1s$

2초일 때 속도 = $3(m/s^2) \times 2s$

3초일 때 속도 = $3(m/s^2) \times 3s$

어떤 규칙인지 보이지요? 정지해 있던 물체가 일정한 가속도를 받아 움직일 때 어떤 시각에서의 물체의 속도는 가속도와 시간의 곱이 됩니다.

속도 = 가속도 × 시간

이 결과를 가로축을 시간, 세로축을 속도로 하여 그래프로 나타내면 오른쪽과 같습니다.

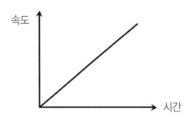

가속도가 일정한 경우 물체의 속도와 시간과의 그래프는 항상 앞과 같은 모습이 됩니다.

이 경우 자동차가 움직인 거리는 어떻게 변할까요? 이번에는 이것을 알아봅시다. 자동차가 점점 빨라지므로 자동차가 움직인 거리는 점점 커질 것입니다. 우리는 자동차가 움직인 거리와 시간과의 관계가 궁금합니다. 앞의 결과로부터 각 1초 동안 자동차의 속도가 어떻게 변했는지 정리해 봅시다.

$0 \sim 1$초 : 속도 $= 0 \sim 3$m/s

$1 \sim 2$초 : 속도 $= 3 \sim 6$m/s

$2 \sim 3$초 : 속도 $= 6 \sim 9$m/s

먼저 0초부터 1초 사이를 봅시다. 속도가 0에서 3m/s로 변합니다. 그럼 이 시간 동안 평균 속도를 얼마로 택해야 할까요? 그것은 바로 0과 3의 평균을 구하면 됩니다. 0과 3의 평균은 $\frac{0+3}{2} = \frac{3}{2}$이므로 이 시간 동안의 평균 속도는 $\frac{3}{2}$(m/s)입니다. 이 시간 동안 움직인 거리는 평균 속도와 시간과의 곱입니다. 시간은 1초 동안이므로 움직인 거리는 $\frac{3}{2} \times 1 = \frac{3}{2}$(m)입니다.

이번에는 1초부터 2초 사이를 봅시다. 속도가 3m/s에서 6m/s

로 변합니다. $\frac{3+6}{2}=\frac{9}{2}$ 이므로 이 시간 동안 평균 속도는 $\frac{9}{2}$ m/s입니다. 이 시간 동안 움직인 거리는 평균 속도와 시간과의 곱입니다. 시간은 1초 동안이므로 움직인 거리는 $\frac{9}{2}\times1=\frac{9}{2}$(m) 입니다.

마지막으로 2초부터 3초 사이를 봅시다. 속도가 6m/s에서 9m/s로 변합니다. $\frac{6+9}{2}=\frac{15}{2}$ 이므로 이 시간 동안 평균 속도는 $\frac{15}{2}$m/s입니다. 이 시간 동안 움직인 거리는 평균 속도와 시간과의 곱입니다. 시간은 1초 동안이므로 움직인 거리는 $\frac{15}{2}\times1=\frac{15}{2}$(m)입니다.

지금까지의 결과를 정리해 봅시다.

0~1초 : 움직인 거리 = $\frac{3}{2}$ m

1~2초 : 움직인 거리 = $\frac{9}{2}$ m

2~3초 : 움직인 거리 = $\frac{15}{2}$ m

규칙이 보이지요? 그러니까 처음 정지한 상태로부터 물체가 1초 동안 움직인 거리의 비는 1 : 3 : 5의 규칙을 가집니다.

자동차의 처음 위치를 0이라고 하고 매 1초 후 자동차의 위치를 알아봅시다. 1초 후의 위치는 0초에서 1초 사이에 움직인 거리이고, 2초 후의 위치는 0초에서 1초 사이에 움직인 거리와 1초에서 2초 사이에 움직인 거리의 합입니다. 그러므로 다음과 같지요.

이것을 정리하면 다음과 같습니다.

1초 후 위치 $= \dfrac{3}{2}$ m

2초 후 위치 $= \dfrac{3}{2} + \dfrac{9}{2} = \dfrac{12}{2}$ m

3초 후 위치 $= \dfrac{3}{2} + \dfrac{9}{2} + \dfrac{15}{2} = \dfrac{27}{2}$ m

이 식을 다음과 같이 고쳐 쓸 수 있습니다.

1초 후 위치 $= \dfrac{3}{2} \times 1$ m

2초 후 위치 $= \dfrac{3}{2} \times 4$ m

3초 후 위치 = $\frac{3}{2} \times 9$m

재미난 규칙이 보이지요? 1, 4, 9를 어떤 수의 제곱으로 나타내 봅시다. 그럼 다음과 같이 됩니다.

1초 후 위치 = $\frac{3}{2} \times 1^2$m

2초 후 위치 = $\frac{3}{2} \times 2^2$m

3초 후 위치 = $\frac{3}{2} \times 3^2$m

이제 규칙이 완전히 보이는군요. 그러니까 이 물체의 4초 후의 위치는 $\frac{3}{2} \times 4^2$(m)가 됩니다. 여기서 각 시각에서의 물체의 위치는 물체가 움직인 거리입니다. 그러니까 다음과 같이 정리할 수 있습니다.

일정한 가속도를 받는 물체의 어느 시간 동안 움직인 거리는 다음과 같다.

거리 = $\frac{1}{2} \times$ 가속도 $\times$ 시간^2

이것이 바로 일정한 가속도로 움직이는 물체의 거리와 시간과의 관계를 나타내는 공식입니다.

과학자의 비밀노트

등가속도 직선 운동

일정한 크기의 힘이 물체의 운동 방향으로 작용하여, 그 물체의 가속도의 크기와 방향이 일정한 운동이다. 뉴턴의 운동 제2법칙에 따르면, 힘이 일정하면 가속도가 일정하다. 따라서 시간에 따른 속력의 변화도 일정하다. 그리고 운동 방향에 수직인 힘이 없으므로 직선 운동을 한다. 단 힘이 운동 방향과 반대 방향으로 작용하면 속력이 줄어든다.

그런 작은 차도 움직이네, 하하하하!

꽉

이 차가 작아도 가속도가 더 좋은 걸 모르는군.

부아아앙

선생님, 가속도가 뭔가요?

물체의 속도가 변할 때, 일정 시간 동안 얼마나 속도가 변 하는가를 나타내는 양을 가 속도라고 해요.

예를 들어, 작은 자동차가 정지해 있다가 같은 방향으 로 움직여 3초 후에 속도가 21m/s가 되고, 큰 자동차는 6초 후에 속도가 30m/s가 되었다고 해요. 두 자동차의 나중 속도에서 처음 속도(정지 상태였으므로 0)를 빼 면 다음과 같지요.

작은 자동차 = 21 - 0 = 21(m/s)
큰 자동차 = 30 - 0 = 30(m/s)

하지만 움직인 시간 이 다르니까 이렇게 비교하는 건 맞지 않을 것 같아요.

맞아요. 그래서 1초 동안의 속도 변화로 계산하면 작은 자동차는 7m/s², 큰 자동차 는 5m/s²이 되지요. 즉, 가속도는 $\dfrac{\text{속도의 변화}}{\text{시간}}$ 예요.

그럼, 속도가 줄어드는 경우에는 어떻게 표현하 나요?

그런 경우에는 가속도가 음수 가 되겠지요. 이때 가속도의 방 향은 물체가 움직이는 방향과 반대가 됩니다.

4

자유 낙하 운동

높은 곳에서 떨어지는 물체는 어떤 운동을 할까요?
자유 낙하 운동에 대해 알아봅시다.

4

네 번째 수업

자유 낙하 운동

갈릴레이가 지난 시간의
내용을 강조하면서
네 번째 수업을 시작했다.

자유 낙하 운동

오늘은 자유 낙하 운동에 대해 이야기하겠습니다. 자유 낙
하란 처음에 정지해 있던 물체가 아래로 떨어지는 운동이지
요. 자유 낙하는 지구가 물체를 잡아당기기 때문에 일어납니
다. 그러니까 우주 공간에서는 물체가 바닥에 떨어지지 않습
니다. 잡아당기는 그 무엇이 없기 때문이지요.

물체의 자유 낙하는 물체의 질량과는 아무 관계가 없습니
다. 그러니까 무거운 것이든 가벼운 것이든 같은 높이에서

떨어뜨리면 같은 시간에 바닥에 떨어집니다.

갈릴레이는 조그만 쇠구슬과 종이 1장을 떨어뜨렸다.

쇠구슬은 빨리 떨어지고 종이는 늦게 떨어지죠? 어랏! 물체의 질량과 관계없다고 했는데 왜 쇠구슬이 더 빨리 떨어질까요?

＿그건 공기의 저항 때문입니다.

맞아요. 공기는 질량을 가진 공기 분자들로 이루어져 있습니다. 종이는 떨어지면서 많은 공기 분자들과 충돌을 하지만 쇠구슬은 그렇지 않습니다. 공기와 충돌하면 할수록 물체의 속도는 작아집니다. 그러니까 공기와 충돌을 많이 하는 종이가 늦게 떨어지지요.

하지만 이 실험을 공기가 없는 달에서 한다면 종이와 쇠구슬이 동시에 바닥에 떨어집니다.

갈릴레이는 종이를 구겨 공처럼 작게 만들었다. 그리고 쇠구슬과 종이를 같은 높이에서 동시에 떨어뜨렸다.

두 물체가 동시에 떨어졌죠? 종이도 작게 접으면 공기와 닿는 넓이가 작아져 공기 저항을 적게 받게 됩니다. 그러니까 쇠구슬처럼 빨리 떨어집니다.

갈릴레이는 학생들을 데리고 50m 높이의 탑으로 올라갔다. 탑에는 1m 간격으로 유리창이 있었다.

이제 나는 탑 위로 올라가 쇠구슬을 떨어뜨리겠어요. 쇠구슬을 떨어뜨리는 순간부터 1초가 지날 때마다 북소리가 울릴 것입니다. 북소리가 울리는 순간 어느 유리창에서 쇠구슬이 보이는지 관찰합시다.

갈릴레이는 탑 위에서 쇠구슬을 떨어뜨렸다. 1초 후 탑 아래로 5m 떨어진 유리창에서, 다음 1초 후에는 탑 아래로 20m 떨어진 곳에서, 다음 1초 후에는 45m 떨어진 유리창에서 쇠구슬이 보였다.

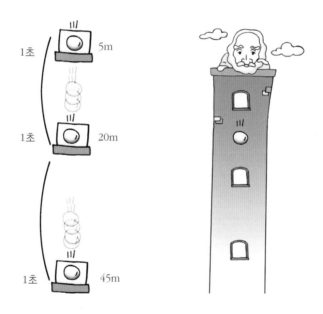

자! 그럼 쇠구슬의 위치(탑 아래로의 거리)를 기록해 봅시다.

0초 : 0m

1초 : 5m

2초 : 20m

3초 : 45m

이 값들은 어떤 규칙을 가지고 있을까요? 우선 모든 수들이 5의 배수이므로 5와 어떤 수의 곱으로 나타내 봅시다.

0초 : 5 × 0m

1초 : 5 × 1m

2초 : 5 × 4m

3초 : 5 × 9m

5로 나눈 몫이 1, 4, 9로 변하는군요. 아하! 이제 규칙을 찾았어요. $1 = 1^2$, $4 = 2^2$, $9 = 3^2$이므로 다음과 같이 쓸 수 있습니다.

0초 : 5 × 0m

1초 : $5 × 1^2$m

2초 : $5 × 2^2$m

3초 : 5×3^2m

그러니까 각 시간 동안 쇠구슬이 낙하한 거리는 시간의 제곱에 비례합니다.

자유 낙하하는 물체가 매 1초 동안 떨어진 거리의 비는 $1^2 : 2^2 : 3^2 :$ …… 이다.

즉, 일정한 시간 동안 낙하한 거리는 다음과 같습니다.

낙하 거리 = $5 \times$ 시간^2

우리는 지난번 수업에서 일정한 가속도를 받아 움직이는 물체가 어느 시간 동안 움직인 거리에 대한 공식이 다음과 같다는 것을 배웠습니다.

거리 = $\dfrac{1}{2} \times$ 가속도 $\times$ 시간^2

이 두 식을 비교하면 자유 낙하할 때 물체가 받는 가속도는 10m/s^2임을 알 수 있습니다. 이것을 중력 가속도라고 합니다.

비탈면을 내려가는 물체

여러분은 미끄럼을 타거나 눈썰매를 탈 때 점점 빨리 내려 간다는 것을 느꼈을 것입니다. 이렇게 비탈면을 따라 물체가 내려오는 경우 물체가 어떤 운동을 하는지 알아봅시다.

갈릴레이는 기다란 판자의 한쪽을 받쳐 비탈면을 만들었다. 그리고 가장 높은 곳에서 공을 굴리고 1초마다 공의 위치에 신발을 올려놓 게 했다.

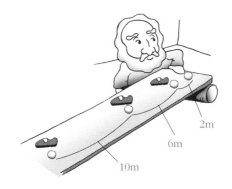

처음 위치에서 첫 번째 신발까지의 거리는 얼마인가요?
__2m입니다.
첫 번째 신발에서 두 번째 신발까지의 거리는 얼마인가요?
__6m입니다.

두 번째 신발에서 세 번째 신발까지의 거리는 얼마인가요?

＿10m입니다.

그러니까 매1초 동안에 공이 움직인 거리는 다음과 같습니다.

0～1초 : 움직인 거리 = 2m

1～2초 : 움직인 거리 = 6m

2～3초 : 움직인 거리 = 10m

각 1초 동안 움직인 거리가 증가하고 있습니다. 그러므로 각 1초 동안의 평균 속력은 다음과 같이 됩니다.

0～1초 : 평균 속력 = 2m/s

1～2초 : 평균 속력 = 6m/s

2～3초 : 평균 속력 = 10m/s

평균 속력이 증가하고 있으므로 비탈면을 따라 내려오는 공의 속도는 점점 커집니다. 그러므로 공은 비탈면의 바닥에 왔을 때 가장 빠르게 됩니다.

각 시간 동안 공이 움직인 거리를 구해 봅시다.

1초 동안 움직인 거리 = 2m

2초 동안 움직인 거리 = 2m + 6m = 8m

3초 동안 움직인 거리 = 2m + 6m + 10m = 18m

이것을 다음과 같이 나타낼 수 있습니다.

1초 동안 움직인 거리 = 2×1^2m

2초 동안 움직인 거리 = 2×2^2m

3초 동안 움직인 거리 = 2×3^2m

공이 움직인 거리는 시간의 제곱에 비례합니다. 즉, 비탈면을 따라 내려오는 공의 운동도 가속도가 일정한 운동입니다.

과학자의 비밀노트

자유 낙하 운동

처음 속도가 0인 상태에서 중력에 의하여 연직 방향으로 떨어지는 운동이다. 이때 중력 가속도는 연직 방향이며, 크기는 약 10m/s^2으로 일정하다. 예를 들면, 나무에서 떨어지는 과일이나 옥상에서 떨어뜨린 물체 등이 대표적인 예이다. 단 자유 낙하 운동은 지표면 근처에서만 성립한다.

그것 봐. 내 말이 맞지?

하지만 책에 그렇게 나와 있었단 말이야.

무슨 일인가요?

선생님! 미나가 무거운 것이든 가벼운 것이든 같은 높이에서 떨어뜨리면 동시에 바닥에 떨어진다고 하잖아요.

책에 그렇게 나와 있는데….

그럼, 다시 한 번 해 볼까요?

다시 해도 똑같을 거예요.

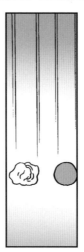

어, 이상하다. 같이 떨어지네.

처음의 펼친 종이는 떨어지면서 공기 분자들과 충돌하지만 쇠구슬은 그렇지 않습니다. 그래서 펼친 종이를 구겨 쇠구슬처럼 작게 만들면 공기와 닿는 넓이가 줄어 빨리 떨어지게 된답니다.

거봐. 내 말이 맞잖아.

타탁

그런데 떨어지는 물체는 일정한 속도로 떨어지나요?

속도가 증가하지 않을까요?

미나 말이 맞아요. 물체는 떨어지면서 속도가 증가하게 된답니다.

떨어지는 물체에는 약 $10m/s^2$의 일정한 가속이 붙는데, 이것을 중력 가속도라고 합니다.

아~, 그렇군요.

그네의 운동

그네는 같은 높이까지 왕복 운동을 계속합니다.
그네가 처음 자리로 돌아올 때까지 걸린 시간은 무엇과 관련이 있을까요?

5

다섯 번째 수업

그네의 운동

갈릴레이의 다섯 번째 수업은
놀이터에서 이루어졌다.

그네의 운동

갈릴레이는 학생들을 그네 실
험실로 데리고 갔다. 그곳에는
줄 길이가 다른 3종류의 그네
가 있었다.

세 그네의 줄의 길이는 각
각 1m, 4m, 9m입니다. 우선

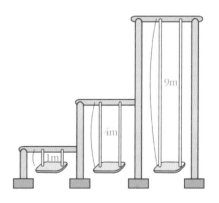

같은 그네에 몸무게가 다른 3명의 학생을 차례로 태워 보겠습니다.

갈릴레이는 깡마른 미나와 보통 체격인 진우, 그리고 조금 뚱뚱한 태호를 줄의 길이가 1m인 그네로 데리고 갔다. 나머지 학생들에게는 초시계를 주며 시간을 재어 보게 했다.

미나, 진우, 태호의 몸무게는 각각 30kg, 40kg, 50kg입니다. 이 세 사람을 차례로 그네에 태워 그네가 다시 제자리로 올 때까지 걸린 시간을 재어 보겠습니다.

갈릴레이는 미나를 그네에 태우고 그네를 일정한 높이까지 당긴 후 슬며시 놓아 주었다.

미나가 제자리로 돌아오는 데 걸린 시간은 얼마지요?
＿2초입니다.

갈릴레이는 진우를 그네에 태우고 같은 높이까지 그네를 당긴 후 슬며시 놓아 주었다.

진우가 제자리로 돌아오는 데 걸린 시간은 얼마지요?
＿2초입니다.

갈릴레이는 태호를 그네에 태우고 같은 높이까지 그네를 당긴 후 슬며시 놓아 주었다.

태호가 제자리로 돌아오는 데 걸린 시간은 얼마지요?
＿2초입니다.

같은 그네에 질량이 다른 세 사람을 태워 보았습니다. 그런데 그네가 제자리로 돌아오는 데 걸리는 시간은 똑같았습니다. 이 시간을 그네의 주기라고 합니다. 그러니까 다음과 같이 말할 수 있습니다.

그네의 주기는 그네에 탄 사람의 몸무게(질량)과 관계없다.

그네의 줄의 길이가 다를 때는 어떻게 될까요?

갈릴레이는 줄의 길이가 4m인 그네로 미나를 데리고 갔다. 그리고 일정한 높이까지 그네를 잡아당겼다가 놓았다.

미나가 제자리로 돌아오는 데 걸린 시간은 얼마지요?
__4초입니다.

갈릴레이는 줄의 길이가 9m인 그네로 미나를 데리고 갔다. 그리고 일정한 높이까지 그네를 잡아당겼다가 놓았다.

미나가 제자리로 돌아오는 데 걸린 시간은 얼마지요?
__6초입니다.
그러니까 줄의 길이가 길어질수록 그네의 주기가 길어진다는 것을 알 수 있습니다. 이것을 정리하면 다음과 같습니다.

줄의 길이 = 1m → **주기** = 2초

줄의 길이 = 4m → **주기** = 4초

줄의 길이 = 9m → 주기 = 6초

어떤 규칙이 있는지 알아보기 위해 위 결과를 다음과 같이 정리해 봅시다.

줄의 길이 = 1^2m → 주기 = 2×1초

줄의 길이 = 2^2m → 주기 = 2×2초

줄의 길이 = 3^2m → 주기 = 2×3초

그러니까 줄의 길이의 비가 $1^2 : 2^2 : 3^2$일 때, 주기의 비는 1 : 2 : 3이 된다는 것을 알 수 있습니다. 이것이 바로 그네의 주기와 그넷줄의 길이의 관계입니다.

그네의 속력

그네를 타 보면 그네의 높이가 가장 낮을 때 가장 빠르다는 것을 알 수 있습니다. 그것을 간단하게 증명해 보겠습니다. 그네가 가장 높은 곳에서 가장 낮은 곳으로 내려올 때까지 움직임을 그려 보면 다음과 같습니다.

그넷줄의 길이가 일정하므로 그림에 보이는 곡선은 반지름
이 줄의 길이인 원의 일부분입니다.

이제 그네가 네 지점에 있을 때의 속
도를 비교하면 그네의 속도가 어떻게
변하는지 알 수 있습니다.

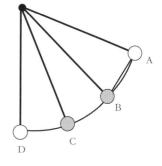

오른쪽 그림과 같이 네 지점을 A, B,
C, D로 나타냅시다.

우선 A와 B 지점을 봅시다. A에서
B로 내려갈 때 곡선을 따라 내려가지만 A와 B를 잇는 직선
을 따라 내려간다고 가정합시다.

이때 A와 B를 잇는 직선은 비탈면이므로 B 지점이 A 지점
보다 속도가 크게 됩니다. 다음으로 그네가 B 지점에서 C 지
점으로 내려올 때도 두 지점을 잇는 비탈면을 따라 내려온다
고 생각하면 C 지점에서 속도가 B 지점에서의 속도보다 커집
니다. 같은 방법으로 그네가 D 지점에 있을 때가 C 지점에
있을 때보다 속도가 더 커지겠지요.

그러므로 그네는 내려오면서 점점 속도가 커진다는 것을
알 수 있습니다. 물론 이 과정에서 곡선을 직선 비탈면으로
가정했습니다. 이 가정은 곡선을 무수히 많은 점으로 나눈다
면 더 잘 받아들여질 수 있습니다. 그때는 두 점 사이의 간격
이 아주 짧아져 곡선이 직선처럼 여겨질 수 있기 때문이지요.

음….

뭘 그렇게 생각하고 있나요?

시계의 추는 1초에 한 번 움직이잖아요. 그래서 더 천천히 움직여 시간을 늦출 수 있는 방법을 생각하고 있어요. 개학이 내일모레인데, 숙제를 다 못했어요.

미나가 생각한 방법은 뭔가요?

우선 추를 무겁게 해 보려고 해요. 어, 변화가 없네요.

질량이 달라도 추가 제자리로 돌아오는 데 걸리는 시간은 똑같답니다. 이 시간을 추의 주기라고 하는데, 추의 주기는 추의 질량과 관계가 없어요.

그럼, 주기를 늘릴 수 있는 방법은 뭔가요?

시계 추의 길이를 한번 늘려볼까요?

어, 추의 주기가 늘어났어요.

추의 길이가 길어질수록 추의 주기도 길어진답니다. 하지만 주기가 길어진다고 해서 시간까지 늦게 가도록 할 수는 없어요.

그렇군요.

6

포물선 운동

수평 방향으로 던진 물체는 어떤 모습으로 바닥에 떨어질까요?
포물선 운동에 대해 알아봅시다.

6

여섯 번째 수업

포물선 운동

교.	중등 과학 1	7. 힘과 운동
과.	중등 과학 2	1. 여러 가지 운동
연.	고등 과학 1	2. 에너지
계.	고등 물리 I	1. 힘과 에너지
	고등 물리 II	1. 운동과 에너지

갈릴레이의 여섯 번째 수업은
강에서 이루어졌다.

속도의 덧셈

갈릴레이는 학생들과 함께 배에 탄 후 반대편을 향해 배를 저었다.
그런데 배는 반대편 강둑으로
똑바로 가지 않고 강물
이 흐르는 방향으로
비켜나서 강둑에 도
착했다.

배가 왜 똑바로 가지 않고 기울어지는 방향으로 나아갔을 까요? 그것은 바로 강물이 흐르기 때문입니다. 만일 강물이 흐르지 않았다면 배는 똑바로 갈 수 있었겠지요. 하지만 강물이 왼쪽에서 오른쪽으로 흐르므로 강물의 속도가 배의 속도에 더해져서 새로운 배의 속도를 만들어 주었던 것이지요. 이것을 그림으로 보면 다음과 같습니다.

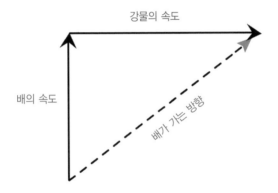

배의 속도와 강물의 속도가 더해져 배는 오른쪽으로 기울어진 방향으로 나아갔습니다. 이렇게 하나의 물체에 2개의 서로 다른 방향의 속도가 작용할 때는 두 속도의 합의 방향으로 물체는 나아갑니다. 이때 두 속도의 합은 다음과 같은 방법으로 구해집니다.

먼저 배의 속도를 화살표로 그리세요.

배의 속도 시작점에 강물의 속도를 나타내는 화살표의 시작점 부분이 일치하도록 그리세요.

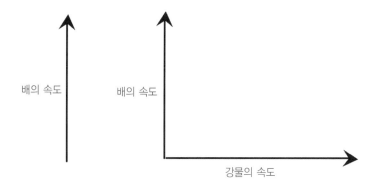

그리고 두 속도를 두 변으로 하는 직사각형을 그리고 시작점에서 대각선 방향으로 화살표를 그리세요.

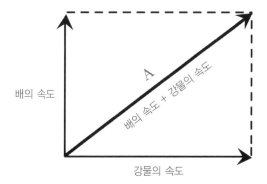

화살표 A가 배가 실제로 나아가는 방향입니다. 그러니까 화살표 A는 배의 속도와 강물의 속도의 합을 나타내지요. 이렇게 속도처럼 방향을 가지고 있어 화살표로 나타내지는 벡터들의 합은 숫자들의 합과는 다르게 구해집니다.

포물선 운동

이제 이 사실을 이용하여 수평 방향으로 던진 물체가 어떤 모습으로 떨어지는지 알아보겠습니다.

갈릴레이는 학생들과 함께 투명 엘리베이터가 설치된 빌딩으로 갔다.

이제 이 투명 엘리베이터는 $4m/s^2$의 가속도로 내려가게 될 것입니다. 그리고 엘리베이터 속에서 나는 2m/s의 일정한 속도로 걸어갈 것입니다.

갈릴레이가 탄 투명 엘리베이터가 점점 빠르게 내려갔다. 학생들은 갈릴레이가 포물선을 따라 움직이는 모습을 볼 수 있었다.

내가 똑바로 내려가는 것처럼 보였나요?

__아닙니다.

내가 일직선을 따라 걸어가는 것처럼 보였나요?

__아닙니다.

여러분에게 나는 포물선을 따라 내려가는 듯이 보였을 것입니다. 그것은 나의 속도가 두 종류이기 때문입니다. 하나는 수평 방향으로 걸어가는 속도인 2m/s이고, 다른 하나는 수직 방향으로 4m/s^{2}의 가속도를 받아 내려갈 때의 속도입니다.

수평 방향으로는 나의 속도가 달라지지 않습니다. 그러므로 수평 방향의 매초 후의 속도는 다음과 같습니다.

1초 후 수평 방향의 속도 = 2m/s

2초 후 수평 방향의 속도 = 2m/s

3초 후 수평 방향의 속도 = 2m/s

하지만 수직 방향으로는 가속도를 받으니까 속도가 달라집니다. 우리는 일정한 시간 후 수직 방향으로의 속도는 가속도와 시간의 곱이라는 것을 배웠습니다. 그러므로 매초 후 수직 방향의 속도는 다음과 같습니다.

1초 후 수직 방향의 속도 = $4\text{m/s}^2 \times 1\text{s} = 4\text{m/s}$

2초 후 수직 방향의 속도 = $4\text{m/s}^2 \times 2\text{s} = 8\text{m/s}$

3초 후 수직 방향의 속도 = $4\text{m/s}^2 \times 3\text{s} = 12\text{m/s}$

앞에서 가속도가 없을 때와 있을 때 어떤 시간의 물체의 위치를 구하는 방법을 배웠습니다. 수평 방향으로 움직인 위치는 수평 방향의 속도와 시간의 곱이므로 다음과 같습니다.

1초 후 수평 방향의 위치 = $2\text{m/s} \times 1\text{s} = 2\text{m}$

2초 후 수평 방향의 위치 = $2\text{m/s} \times 2\text{s} = 4\text{m}$

3초 후 수평 방향의 위치 = $2\text{m/s} \times 3\text{s} = 6\text{m}$

수직 방향으로 움직인 위치는 $\dfrac{1}{2} \times$ 가속도 $\times$ 시간^{2}이므로 다음과 같습니다.

1초 후 수직 방향의 위치 = $\dfrac{1}{2} \times 4\text{m/s}^2 \times 1\text{s}^2 = 2\text{m}$

$$2초 후 수직 방향의 위치 = \frac{1}{2} \times 4\text{m/s}^2 \times 2\text{s}^2 = 8\text{m}$$

$$3초 후 수직 방향의 위치 = \frac{1}{2} \times 4\text{m/s}^2 \times 3\text{s}^2 = 18\text{m}$$

이제 1초 때, 2초 때, 3초 때 나의 위치를 점으로 나타내면 다음과 같습니다.

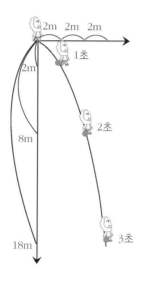

각 점에 수평 방향의 속도와 수직 방향의 속도를 그려 봅시다. 속도가 큰 경우는 긴 화살표로, 속도가 작은 경우는 짧은 화살표로 그리면 됩니다.

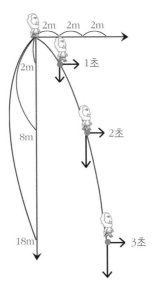

이제 두 속도의 합을 각 점에 그려 보면 아래 그림과 같습
니다.

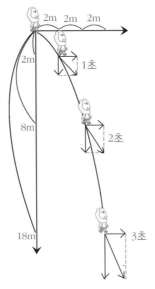

화살표가 점점 길어지죠? 그러니까 수평으로 걸어가는 나에게 수직 방향의 가속도 운동이 더해지는 경우 내가 가는 모습은 포물선 모양이 되고 매 순간 속도는 커지게 됩니다.

이것과 똑같은 상황이 바로 수평 방향으로 물체를 던졌을 때입니다.

이때 수평 방향으로 던진 물체의 속도는 내가 걸어간 속도를 나타냅니다. 이때 물체는 중력 가속도 $10m/s^2$을 받게 되므로 수직 방향으로는 점점 빨라지는 운동을 합니다. 그러므로 물체의 운동은 포물선 모양이 됩니다.

이때 물체의 수평 방향의 속도가 작으면 수평 방향으로 얼마 가지 못하고 수직 방향으로 떨어지므로 가파른 포물선을 그리게 됩니다.

하지만 수평 방향의 속도가 크면 중력 가속도 때문에 수직 방향으로 떨어지는 동안 수평 방향으로 멀리 가기 때문에 완만한 포물선이 됩니다.

이번에는 포물선 운동과 자유 낙하 운동을 비교해 보겠습니다.

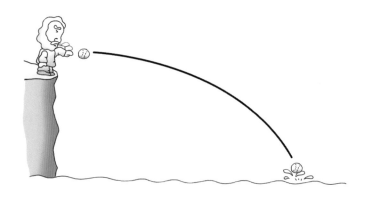

갈릴레이는 진우에게 탑 위에 올라가 인형을 떨어뜨리게 했다. 그리고 갈릴레이는 그 탑과 같은 높이의 건물에 올라가 인형을 떨어뜨리는 순간 수평 방향으로 장난감 총을 쏘았다. 총알이 인형에 명중했다. 밑에서 지켜보던 학생들은 환호성을 질렀다.

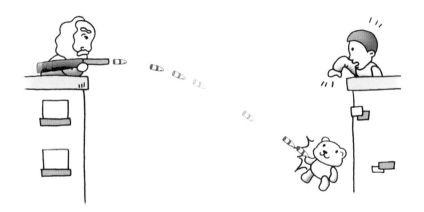

내가 실력이 좋아서 인형을 맞혔을까요? 그렇지는 않습니다. 어떤 거리에서는 누가 쏘더라도 인형을 맞히게 된답니다. 이유는 간단합니다. 총알은 수평 방향으로 날아가면서 중력 가속도 때문에 포물선 운동을 그리며 아래로 떨어지게 됩니다. 물론 인형도 아래로 떨어지고 있지요. 같은 시간이 흘렀을 때 총알과 인형이 낙하한 수직 방향의 거리는 같습니다.

예를 들어, 총알과 인형이 1초 후에 만났다면 둘 다 수직 방향으로 5m를 낙하했을 것입니다. 이것을 그림으로 그려 보면 다음과 같습니다.

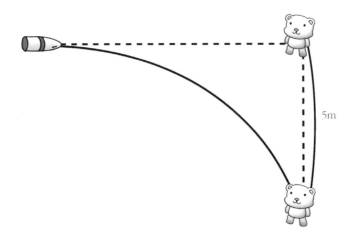

5m

따라서 어떤 속도로 총알이 날아가든 총알과 인형은 같은
거리를 낙하하게 되므로 총알은 인형을 맞히게 됩니다.

과학자의 비밀노트

포물선 운동

중력이 작용하는 공간에서 물체를 중력의 방향과 일정 각도로 던질 때,
이동 경로가 포물선을 그리는 운동이다. 빌딩에서 물체를 수평 방향으로
던지면, 수평 방향으로는 힘이 작용하지 않아서 등속 운동을 하고, 연직
방향으로는 중력이 작용하여 등가속도 운동을 하게 되면서 결국 그
물체의 운동 경로는 포물선을 그리게 된다.

어서 이쪽으로
건너와!

힘들어 죽겠
는데 소리 좀
그만 질러.

야! 이리로 왔잖지,
누가 거기로 가랬어!

어? 이상하다. 나는 분명히
그쪽으로 갔는데, 왜 이리
로 온 거지?

그건 바로 강물이
흐르기 때문이에요.

배가 똑바로 가는 것
과 강물이 흐르는 게
무슨 상관이 있어요?

만약 강물이 흐르지 않았다면
배는 똑바로 갔겠지만, 지금은
오른쪽으로 흐르는 상태라서
새로운 속도가
만들어진 거예요.

새로운 속도가요?

그래요. 배의 속도와 강물
의 속도가 더해져서 배는
오른쪽으로 기울어진 방향
으로 나아간 것이지요.

하나의 물체에 두 개의 서로
다른 방향의 속도가 작용할
때는 두 속도의 합의 방향으
로 나아가지요.

그래서 배와 강물의 두
방향의 합의 방향으로
온 것이군요.

이 화살표가 배가 실제로 나아
간 방향이에요. 바로 배의 속
도와 강물의 속도의 합이지요.

그렇군요.

관성이란 무엇일까요?

물체는 외부의 힘을 받지 않는 한 운동 상태를 유지하려는 경향이 있습니다.
관성에 대해 알아봅시다.

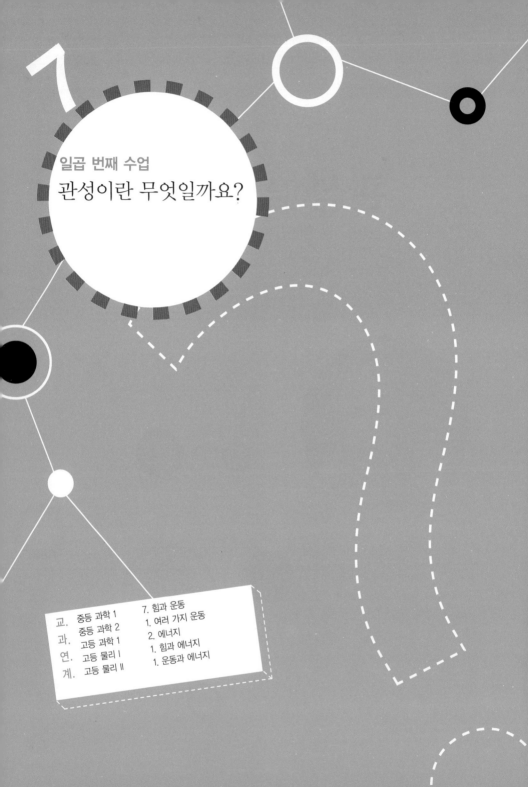

갈릴레이가 관성에 대한 주제로
일곱 번째 수업을 시작했다.

오늘은 물체의 관성에 대해 알아보겠습니다. 우리는 물체가 비탈면을 따라 내려오면 점점 속력이 커진다는 것을 알고 있습니다.

갈릴레이는 철판을 다음과 같이 접었다. 그리고 한쪽에서 조그만 쇠구슬을 굴렸다.

A 지점에서 비탈면을 따라 내려온 구슬은 같은 높이인 B 지점까지 올라갑니다. 사실은 마찰 때문에 조금 더 낮은 위치까지 올라가지만 마찰이 없다고 가정하면 같은 높이까지 올라갈 것입니다.

갈릴레이는 B 지점이 있는 부분을 더 비스듬하게 눕혔다. 그리고 A 지점에서 조그만 쇠구슬을 굴렸다.

역시 같은 높이까지 올라가는군요. 그런데 이번에는 B 지점이 더 먼 곳에 있네요. 그러니까 쇠구슬은 같은 높이까지 올라가기 위해 더 긴 거리를 움직여야 합니다.

갈릴레이는 B 지점이 있는 부분을 완전히 바닥에 폈다. 그리고 A 지점에서 조그만 쇠구슬을 굴렸다.

이번에는 구슬이 바닥을 따라 계속 굴러가는군요. 이때 구슬은 같은 높이가 되는 지점까지 굴러가야 하는데 같은 높이의 지점이 나타나질 않습니다. 그러니까 구슬은 계속 직선을 따라 무한한 거리를 굴러가게 됩니다. 물론 마찰이 없다면 말이지요. 이때 구슬의 속력은 일정합니다. 그러니까 일정한 속력으로 직선 운동을 영원히 하게 되지요. 이것은 물체가 더 이상 힘을 받지 않기 때문입니다.

이렇게 물체가 힘을 받지 않을 때 일정한 속도를 유지하려는 성질을 관성이라고 합니다. 그러니까 물체가 원래의 속도와 같아지려는 성질이지요.

갈릴레이는 컵에 딱딱한 종이를 올려놓고 그 위에 동전을 올려놓았다. 그리고 손가락으로 종이를 튕겼다.

동전이 컵 안에 떨어졌군요? 왜 동전은 종이와 함께 날아가지 않았을까요? 그것은 바로 동전의 관성 때문입니다. 동전은 처음에 종이 위에 정지해 있었습니다. 그러므로 속도는 0이지요. 종이가 사라진 후에도 동전은 제자리에 정지해 있고 싶어 하는 관성이 있습니다. 그런데 종이가 날아가 버렸기 때문에 동전은 그 위치에서 컵의 바닥으로 떨어지게 되는 것이지요.

갈릴레이는 탁자에 식탁보를 깔고 그 위에 물이 들어 있는 컵을 올려놓았다. 그리고 식탁보를 빠르게 잡아당겼다. 물컵은 제자리에 있고 식탁보만 빠져나왔다.

물컵이 제자리에 있고 싶어 하는 관성 때문에 이런 현상이 일어난 것이지요.

갈릴레이는 학생들을 데리고 밖으로 나갔다. 밖에는 리모컨으로 작동되며 바닥만 있는 수레가 있었다. 갈릴레이는 수레에 서 있고 잠시 후 학생들이 리모컨으로 '출발' 버튼을 누르자 수레는 갑자기 빠르게 달려나갔다. 그리고 갈릴레이는 뒤로 넘어졌다.

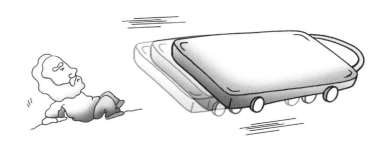

내가 왜 넘어졌을까요? 그것은 바로 내가 제자리에 있고 싶어 하는 관성 때문입니다. 나는 제자리에 있고 싶은데 수레는 앞으로 가니까 내가 뒤로 넘어지는 것이지요.

이번에는 갈릴레이가 탄 수레가 일정한 속도로 달리고 있을 때 리모컨으로 '정지' 버튼을 눌렀다. 갈릴레이는 앞으로 넘어졌다.

이것도 관성 때문입니다. 나는 움직이고 있었으니까 계속 그 속도를 유지하여 움직이고 싶어 하는데 수레가 멈추니까 차가 가려던 방향으로 움직이게 된 것이지요.

과학자의 비밀노트

정지 관성

물체에 외력이 작용하지 않을 때, 정지 상태에 있던 물체가 계속 처음의 정지 상태를 유지하려는 성질이다. 예를 들면 버스가 갑자기 출발할 때 몸이 뒤로 넘어지는 현상이나 이불을 털면 먼지가 아래로 떨어지는 현상 등이 있다.

운동 관성

물체에 외력이 작용하지 않을 때. 운동 상태에 있던 물체가 계속 처음의 운동 상태를 유지하려는 성질이다. 예를 들면 버스가 갑자기 정지할 때 몸이 앞으로 넘어지는 현상이나 달려가는 사람이 돌부리에 걸려 넘어지는 현상 등이 있다.

지금부터 내가 마술을 보여 줄게. 기대하시라~.

빨리 하기나 하셔.

얍!

우와! 어떻게 종이만 없어지고 컵은 그대로지?

타

이건 과학으로 풀 수 있어요.

과학으로 제 마술을 푼다고요?

네. 그것은 유리병의 관성 때문입니다.

관성...?

관성?

관성 때문에 유리병이 그대로 있다는 건가요?

네. 처음 종이 위에서 정지해 있던 유리병이 종이가 사라진 후에도 제자리에 정지해 있고 싶어 하는 관성이 있지요.

그래서 종이가 없어졌어도 위쪽 유리병은 그 위치에 그대로 있게 되는 것이지요.

그랬군요.

너도 모르고 있었구나.

우리가 버스를 타고 가다가 차가 멈출 때 몸이 차가 가려던 방향으로 움직이게 되는 것도 바로 관성 때문이에요.

아, 그러니까 차가 멈춰도 우리 몸은 계속 움직이고 싶어 하기 때문에 앞으로 쏠리는 거군요.

끼익

관성계란 무엇일까요?

일정한 속도로 달리는 차 안에서는 물리 현상이 어떻게 될까요?
관성계와 비관성계에 대해 알아봅시다.

여덟 번째 수업

관성계란 무엇일까요?

갈릴레이가
더운 날씨 탓인지 나른해하며
여덟 번째 수업을 시작했다.

관성계와 비관성계

갈릴레이는 곤히 잠들어 있는 태호를 발견했다. 갈릴레이는 태호의
눈을 안대로 가리고 책상, 의자와 함께 태호를 수레 위에 옮겼다.
그리고 수레를 아주 느리게 일정한 속도로 움직이게 했다.

지금 태호는 곤히 잠들어 있습
니다. 이제 태호를 골탕 먹여
보기로 하죠.

갈릴레이는 학생들에게 일제히 '불이야!'라고 소리치게 했다. 태호는 깜짝 놀라 잠에서 깼다. 물론 수레는 계속 움직이고 있었지만 태호는 자신이 교실에 있는 것으로 착각하고 있었다. 잠시 후 안대를 풀고 나서야 자신이 수레를 타고 움직이고 있다는 사실을 알게 되었다.

태호는 왜 자신이 수레와 함께 움직이고 있다는 사실을 몰랐을까요? 그것은 수레가 일정한 속도로 움직이고 있었기 때문입니다. 일정한 속도란 빠르기도, 방향도 변하지 않는 것을 말합니다. 이럴 때 우리는 자신이 움직인다는 사실을 모릅니다. 그것은 정지해 있는 곳과 달라지는 것이 없기 때문이지요.

갈릴레이는 일정한 속도로 움직이는 수레에서 공을 위로 던졌다. 공은 정지해 있는 곳에서 던질 때처럼 똑바로 위로 올라갔다가 아래로 떨어졌다.

공이 움직이는 모습이 정지해 있는 곳에서 던진 공의 모습과 같지요? 이렇게 일정한 속도로 움직이는 곳은 정지해 있는 곳과 물리 현상이 달라지지 않습니다. 이러한 곳을 관성계라고 부릅니다.

일정한 속도로 움직이는 곳은 모두 관성계이다.

이렇게 관성계에서는 물리 현상이 똑같이 관측됩니다. 그럼 속도가 달라지는 곳에서는 물리 현상이 다르게 관측될까요?

갈릴레이는 수레에서 위로 공을 던졌다. 공을 던지는 순간 수레가 갑자기 왼쪽으로 빠르게 움직였다. 공은 비스듬히 올라갔다가 비스듬히 내려왔다.

공이 움직이는 모습이 달라졌지요? 이것은 수레의 속도가 변했기 때문입니다. 속도가 변했으므로 가속도가 생겼지요? 이렇게 가속도가 있는 곳에서는 물리 현상이 다르게 관측됩니다. 이런 곳을 비관성계라고 합니다.

가속도가 있는 운동을 하는 곳은 비관성계이다.

지구는 관성계일까요?

아주 옛날 과학자들은 지구가 움직이지 않는다고 생각했습니다. 그런 생각을 가진 대표적인 사람은 그리스의 아리스토텔레스(Aristoteles, B.C.384~B.C.322)이지요. 아리스토텔레스는 왜 지구가 움직이지 않는다고 생각했을까요?

갈릴레이는 바닥에 깔아 놓은 커다란 종이에 X 표시를 하고 그 지점으로부터 똑바로 수직 위인 곳에서 공을 손에 쥐고 있었다. 그리고 진우에게 공이 떨어지는 순간 종이를 오른쪽으로 잡아당기라고 했다. 공은 X 표시를 한 곳에 떨어지지 않고 그보다 왼쪽에 떨어졌다.

진우

공이 바로 아래 위치로 떨어지지 않았지요? 아리스토텔레스는 종이처럼 지구가 움직인다면 물체는 똑바로 아래로 떨어지지 않고 지구가 움직이는 반대 방향으로 떨어질 것이라고 주장했어요. 어떻게 보면 아리스토텔레스의 말이 맞는 것 같아 보이지요? 하지만 그 주장이 잘못되었다는 것을 보여 주겠습니다.

갈릴레이는 수레에 올라타 수레 바닥에 X 표시를 하고 그 바로 위에서 손으로 공을 잡고 있었다. 그리고 수레가 일정한 속도로 움직일 때 공을 떨어뜨렸다. 공은 정확하게 X 표시를 한 곳에 떨어졌다.

수레가 움직였는데도 공은 똑바로 아래로 떨어졌지요? 이 것은 관성계에서의 공의 낙하 운동이 정지해 있는 곳에서의 공의 낙하 운동과 똑같은 모습으로 관측되기 때문입니다.

이것이 바로 지구가 움직이는데도 물체가 바로 아래로 떨 어지는 이유입니다. 그러니까 우리는 지구라는 차를 타고 같 이 움직이고 있기 때문에 지구에서의 낙하 운동은 지구의 움 직임의 영향을 받지 않는다는 것이 나의 생각입니다.

물론 지구는 태양 주위를 원을 그리면서 돌고 있습니다. 지 구의 운동은 방향이 바뀌므로 일정한 속도의 운동은 아닙니 다. 그러므로 엄밀하게 말해서 지구는 관성계가 아니지요. 하지만 공이 떨어지는 동안 지구가 움직인 거리는 너무 짧으 므로 지구는 일정한 빠르기로 직선 운동을 한다고 볼 수 있습 니다. 그러므로 공의 낙하 운동과 같이 짧은 시간 동안의 물체 의 운동을 다룰 때는 지구를 관성계로 생각할 수 있습니다.

선생님, 저 잘 하죠?

오, 진우에게 이런 재능이 있었네요.

그런데 선생님, 이렇게 움직이고 있는 공간에서는 공이 비스듬하게 떨어져야 하는 것 아닌가요?

아니요, 수직으로 떨어지는 게 맞아요. 그것은 이곳이 관성계이기 때문이에요.

관성계요? 그게 뭐예요?

이렇게 일정한 속도로 한 방향으로 움직이는 곳은 정지해 있는 곳과 물리 현상이 달라지지 않아요. 이런 곳을 관성계라고 합니다.

그럼 속도가 달라지는 곳에서는 물리 현상이 다르게 관측되나요?

잠시 후 ○○ 역에 도착합니다.

역에 도착하기 위해 기차가 속력을 줄이고 있으니까 속도가 달라지는 곳에서 물리 현상이 어떻게 달라지는지 알아볼까요?

어? 공이 자꾸 앞으로 떨어져서 제대로 돌릴 수가 없어요.

이렇게 가속도가 있는 곳에서는 물리 현상이 다르게 관측된답니다. 이런 곳을 비관성계라고 해요.

그럼 지구는 관성계인가요?

지구는 방향이 바뀌는 운동을 하므로 엄밀하게 말해 관성계는 아닙니다. 하지만 공이 떨어지는 짧은 시간 동안 물체의 운동을 다룰 때는 지구를 관성계로 생각할 수 있어요.

지구가 태양 주위를 도는 이유는 무엇일까요?

지구가 태양 주위를 돈다는 이론이 지동설입니다.
지동설과 천동설에 대해 알아봅시다.

9

마지막 수업

지구가 태양 주위를
도는 이유는
무엇일까요?

갈릴레이가 마지막 수업으로
자신의 이론인 지동설에 대한
이야기를 시작했다.

오늘은 나의 멋진 이론 가운데
하나인 지동설에 대해 이야기하
겠습니다. 아리스토텔레스는
지구가 중심에 있고 태양을 비
롯한 행성들이 지구의 주위를 돈
다고 생각했습니다. 이것을 천동설이
라고 하지요.

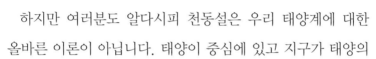

　하지만 여러분도 알다시피 천동설은 우리 태양계에 대한
올바른 이론이 아닙니다. 태양이 중심에 있고 지구가 태양의

주위를 도는 것이 올바른 이론이지
요. 이것을 지동설이라고 합니다.

　그럼 천동설이 틀리고 지동설
이 옳은 이유를 지금부터 알아보
겠습니다.

　갈릴레이는 학생들을 데리고 천문대로 갔다. 천문대에는 화성의 위치
를 날짜별로 관측한 자료가 있었다. 갈릴레이는 하루를 1초로 하여 화
성의 움직임을 동영상으로 학생들에게 보여 주었다. 그런데 화성이 어
떤 때는 시계 반대 방향으로 돌고, 어떤 때는 시계 방향으로 도는 모
습이 나타났다.

화성이 도는 방향이 변하지요? 이것은 천동설이 틀렸다는 증거입니다.

갈릴레이는 학생들을 데리고 가까운 원형 경기장에 갔다. 원형 경기장에는 3개의 원형 트랙이 있었고, 가장 안쪽 트랙의 중앙에는 탑이 있었다.

먼저 천동설을 봅시다. 그럼 중앙의 탑은 지구가 되지요. 그리고 가장 안쪽 트랙부터 차례로 수성, 태양, 화성이 도는 길이라고 합시다. 이제 각 트랙에 마차들을 달리게 합시다. 수성 마차에는 진우가, 태양 마차에는 태호가, 그리고 화성 마차에는 미나가 타기로 하죠. 그리고 탑 주위를 시계 반대 방향으로 돌기로 합시다. 이제 우리는 탑 위에 올라가서 세 사람을 관찰하기로 합시다.

　이제 마차들이 움직일 것입니다. 어떤 때는 빨리 가고 어떤 때는 느리게 가고……. 이제 우리는 가운데(지구)에서 수성 · 태양 · 화성의 움직임을 관찰하면 됩니다.

　드디어 마차들이 정해진 원형 트랙을 돌기 시작했다. 진우가 탄 수성 마차가 가장 먼저 한 바퀴를 돌았다. 미나가 탄 화성 마차는 제일 늦게 탑 주위를 돌았다. 그것은 수성 마차의 트랙 길이는 짧고, 화성 마차의 트랙 길이는 길기 때문이었다.

　화성 마차가 반대로 도는 모습을 본 적이 있습니까?

　__아니요.

만일 지구가 모든 행성의 중심에 있다면 화성의 속도가 달라졌다 해도 화성이 반대 방향으로 도는 현상을 관측할 수 없었을 것입니다. 지금 이 실험에서 보면 항상 시계 반대 방향으로만 돌겠지요.

지동설이라면 어떻게 될까요? 우리가 서 있던 탑을 태양이라고 해 봅시다. 그리고 안쪽 트랙부터 수성, 지구, 화성이라고 해 보지요. 수성 마차에는 진우가, 화성 마차에는 미나가 그대로 타고, 저는 지구 마차를 타도록 하겠습니다.

마차들이 시계 반대 방향으로 달리기 시작했다. 지구 마차는 천천히 달리고 그 바깥을 도는 화성 마차는 빠르게 돌았다.

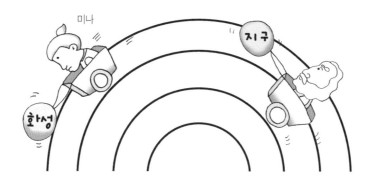

화성 마차가 어느 방향으로 도는 것으로 보이나요?

__시계 반대 방향입니다.

갈릴레이는 화성 마차를 천천히 달리게 하고 지구 마차를 빠르게 달리게 했다. 화성 마차가 뒤로 멀어지기 시작했다.

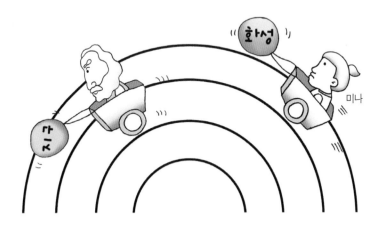

화성 마차가 어느 방향으로 도는 것으로 보이나요?

__시계 방향입니다.

바로 이것이 지동설이 옳은 이유랍니다. 지구가 태양 주위를 돈다면 화성의 도는 방향이 바뀌는 것을 설명할 수 있지만, 지구가 중심에 정지해 있다면 그런 관측은 불가능할 것입니다. 그러므로 화성이 반대 방향으로 도는 것을 설명하기 위해서는 천동설을 버리고 지동설을 지지해야 할 것입니다.

과학자의 비밀노트

지동설

태양이 우주 혹은 태양계의 중심에 있고 수성, 금성, 화성, 목성 등 행성들이 그 주위를 돌고 있다는 우주 세계관이다. 기원전 3세기 고대 그리스의 천문학자 아리스타르코스(Aristarchos, B.C.310?~B.C.230?)가 최초로 지동설을 제안하지만, 히파르코스(Hipparchos, BC 160?~BC 125?) 등에 의해 부정되고 프톨레마이오스(Klaudios Ptolemaeos, 85?~165?)에 의해 천동설이 확립되었다. 그 후 약 1400년 동안 지구가 우주의 중심에 있다고 믿게 되었다. 16세기 폴란드의 천문학자 코페르니쿠스(Nicolaus Copernicus, 1473~1543)가 태양이 우주의 중심이고, 지구가 태양 주위를 돌고 있다는 지동설을 주장하였다. 이후 브라헤(Tycho Brahe, 1546~1601), 갈릴레이 같은 과학자들이 천체 관측 자료를 바탕으로 지동설이 옳다는 것을 증명하였다.

아이들이 줄었어요

이 글은 저자가 창작한 과학 동화입니다.

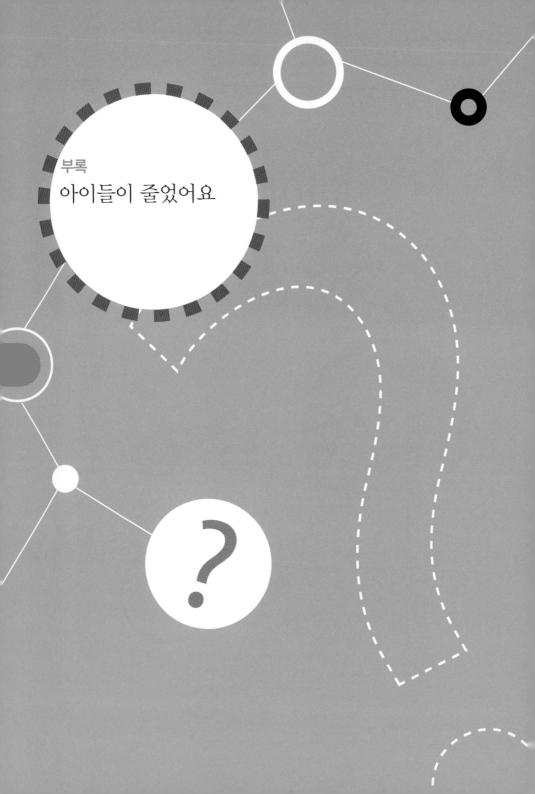

부록

아이들이 줄었어요

레오는 초등학교에
다니는 남자아이입니다.

레오는 호기심이 아주 많은 아이예요. 레오의 아버지는 물리학자입니다. 오늘도 레오의 아버지는 집 안에 있는 조그만 실험실에서 무언가를 만드시느라 정신이 없습니다.

"레오, 아버지께 식사하시라고 하렴!"

마당에서 놀고 있는 레오에게 어머니가 말했습니다.

"네, 알겠어요."

레오는 아버지의 실험실로 들어갔습니다.

"아버지, 식사하시래요!"

레오가 말했습니다.

"레오, 아무것이나 만지면 안 된다!"

아버지는 레오에게 주의를 주고는 실험실을 나갔습니다. 레오는 실험실을 둘러보고 싶었습니다. 그때 갑자기 실험실 문이 열렸습니다.

"레오! 여기 있었구나."

레오의 여자 친구 하리였습니다. 하리는 옆집에 살기 때문에 레오의 집에 자주 놀러 왔지만 아버지의 실험실에 들어온 것은 오늘이 처음이었습니다.

"여긴 정말 없는 게 없구나."

하리가 여기저기를 둘러보며 말했습니다.

"이게 뭐지? 꼭 카메라 같아."

하리가 기다란 망원경 모양으로 생긴 기구를 만지작거렸습니다.

"하리, 함부로 만지면 혼난다고 했어!"

레오가 망원경 모양의 원통을 만지고 있는 하리의 손을 치우면서 말했습니다. 순간 원통 구멍에서 초록빛 광선이 두 사람을 향해 발사되었습니다. 두 사람은 초록빛 광선을 맞고 뒤로 튕겨 나갔습니다. 그리고 정신을 잃고 쓰러졌습니다.

잠시 후 레오가 정신을 차리고 기절해 있는 하리를 흔들어 깨웠습니다.

"그것 봐. 내가 아무거나 만지면 안 된다고 했잖아."

레오가 하리를 꾸짖었습니다.

"미안해."

하리가 미안한 듯 고개를 숙이며 말했습니다.

"레오! 그런데 여기가 어디지?"

하리가 주위를 둘러보며 말했습니다. 두 사람이 서 있는 곳
은 하얀 색깔의 탁자 위였습니다. 두 사람이 줄어든 것이었
습니다. 하지만 두 사람은 아직 그 사실을 몰랐습니다. 두 사
람은 탁자 끝으로 걸어갔습니다. 하리가 뒤를 보며 걸어가다
가 탁자 끝에서 미끄러졌습니다.

"살려 줘!"

하리는 탁자 끝을 간신히 붙잡고 매달려 있었습니다. 레오가 서둘러 달려가 하리를 탁자 위로 올려 주었습니다.

"하리야! 여기는 실험실에 있던 조그만 탁자 위야."

레오가 말했습니다.

"우리가 탁자 위에 있다는 거야?"

하리의 눈이 휘둥그레졌습니다. 하리는 탁자 끝으로 가서 아래를 내려다보았습니다. 수십 미터의 낭떠러지처럼 보였습니다.

"우리가 줄어들었어!"

레오가 말했습니다.

"어떻게 줄어든 거지?"

하리가 놀란 표정으로 물었습니다.

"초록빛 광선이 우리를 축소시킨 것 같아. 우리가 만진 망원경 모양의 기구는 축소 기계였어."

"어떡하지? 그럼 영원히 작은 인간으로 살아야 하는 거야?"

하리가 왈칵 울음을 터뜨렸습니다.

"아버지가 우리를 발견하게 해야 해. 아마 확대시키는 기계가 있을 거야."

"하지만 너무 높아서 내려갈 수가 없잖아?"

"우선 바닥까지의 높이를 알아봐야겠어."

"어떻게?"

"내 시계는 $\frac{1}{100}$초까지 잴 수 있는 스톱워치 기능이 있거든."

레오는 하리에게 손에 찬 전자 손목시계를 보여 주었습니다. 그리고 탁자 위를 둘러보고는 티스푼을 발견했습니다. 레오는 티스푼을 낑낑대며 탁자 끝까지 끌고 왔습니다.

"내가 이 티스푼을 떨어뜨리는 순간 스톱워치를 눌러. 그리고 티스푼이 떨어지는 소리가 들리는 순간 다시 스톱워치를 누르기만 하면 돼."

레오가 티스푼을 밀자 티스푼이 바닥으로 떨어졌습니다. 그리고 티스푼이 바닥과 충돌하는 소리가 들리자마자 하리는 스톱워치를 눌렀습니다.

"몇 초 걸렸어?"

"0.2초"

"어떻게 탁자의 높이를 알 수 있다는 거지?"

"자유 낙하하는 물체가 떨어진 거리는 떨어지는 데 걸린 시간의 제곱에 5를 곱한 값이 되거든. 물론 티스푼이 충돌할 때 생긴 소리가 우리 귀까지 오는 데 걸리는 시간을 생각해야 하지만, 소리는 아주 빠르기 때문에 그 시간을 무시하면 티스푼은 0.2초 동안 떨어진 거야. 0.2의 제곱은 0.04이고 거기에 5를 곱하면 0.2가 되지? 그러니까 탁자의 높이는 0.2m, 즉 20cm야."

"20cm라면 뛰어내려도 다치지 않잖아?"

"우리가 줄어들었잖아."

"앗, 그렇지."

하리는 잠시 자신이 줄어든 것을 잊어버린 것 같았습니다. 레오는 탁자 위의 다른 티스푼으로 가서 티스푼의 길이만큼 걸어갔습니다.

"내 보폭은 50cm야. 물론 줄어들기 전에는 말이야. 티스푼은 길이가 10cm 정도였거든. 그런데 내가 티스푼의 길이만큼 걷는 데 20보가 필요했으니까 티스푼의 길이가 줄어든 나에게는 1,000cm로 보이는 거지."

"20×50=1,000을 말하는 거야?"

"그래. 10cm짜리 티스푼이 1,000cm로 느껴지니까 주위의 모든 것들이 100배 더 커 보이게 되지. 그러니까 우리는 $\frac{1}{100}$ 의 크기로 줄어든 거야."

"우리 키가 1cm 조금 넘겠군."

"그래, 개미 크기 정도야. 그러니까 탁자의 높이는 우리에게 20m 높이로 느껴져."

"20m? 그럼 못 내려간다는 거야?"

하리의 눈이 휘둥그레졌습니다.

"뭔가 방법이 있을 거야."

레오는 탁자 위에서 복사지 한 장을 발견했습니다.

"됐어! 저걸로 낙하산을 만드는 거야. 그럼 공기 저항을 많이 받아 천천히 바닥에 내려가게 될 거야."

레오는 복사지에 하리와 자신을 묶었습니다. 그리고 탁자 아래로 떨어졌습니다. 복사지 낙하산 작전은 레오의 생각과 맞아떨어졌습니다. 그런데 갑자기 실험실 문이 열리면서 불어온 바람에 날려 두 사람이 탄 복사지 낙하산은 어느 편평한 곳에 착륙했습니다. 그곳은 레오의 아버지가 칫솔질할 때 쓰는 물컵을 덮어 둔 딱딱한 종이였습니다.

레오는 종이 끝으로 가서 바닥을 내려다보았습니다.

"바닥까지 10m쯤 되겠어."

레오가 말했습니다.

"원래는 10cm 높이군!"

하리가 말했습니다.

그때 천둥소리보다 더 큰 목소리가 들렸습니다.

"점심을 맛있게 먹었으니 양치질이나 하고 다시 실험을 해 볼

까?"

레오 아버지의 목소리였습니다. 소리가 하도 커서 레오와 하리는 두 손으로 귀를 막았습니다. 아버지는 컵 위의 종이를 잡아당겼습니다.

순간 두 사람은 공중에 떠 있다가 물속으로 떨어졌습니다.

"살려 주세요, 아버지!"

레오가 소리쳤지만 소리가 너무 작아 레오의 아버지에게는 들리지 않았습니다. 두 사람은 컵 속의 물에 둥둥 떠 있었습니다.

"그런데 왜 종이만 날아가고 우리는 물에 빠진 거지?"

하리가 물었습니다.

"관성 때문이야."

"그게 뭐야?"

"우리가 제자리에 있고 싶어 하는 성질이지. 일반적으로 정지해 있던 물체는 정지 상태를 그대로 유지하고 싶어 하거든. 그런데 우리를 받치고 있던 종이가 사라졌으니까 우리가 아래로 떨어진 거야."

레오는 두 사람이 물에 떨어진 이유를 하리에게 설명해 주었습니다.

레오의 아버지는 두 사람이 물에 빠져 있는 줄도 모른 채 물 컵을 들고 화장실로 갔습니다. 레오의 아버지가 입을 헹구기

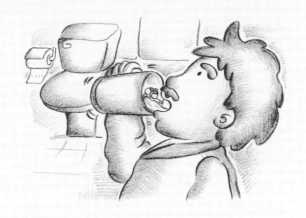

위해 물을 마시자 레오와 하리도 물과 함께 아버지의 입으로
들어갔습니다.

"어떡해? 아저씨 입 안이야."

하리가 거대한 산맥처럼 솟아 있는 레오 아버지의 치아를
바라보며 말했습니다.

"걱정 마! 양치질한 물을 마시지는 않으니까 우리는 곧 물
과 함께 밖으로 나가게 될 거야."

레오가 침착하게 말했습니다. 레오의 말대로 아버지는 헹군
물을 바닥에 내뱉었습니다. 그때 아버지가 재채기를 하는 바람
에 레오와 하리는 물방울과 함께 두루마리 휴지 쪽으로 날아갔
습니다.

"하리, 휴지를 잡아! "

레오의 목소리가 들렸습니다. 두 사람은 휴지의 끄트머리
를 간신히 붙잡을 수 있었습니다.

"우리 두 사람이 매달렸는데도 휴지가 안 끊어지다니 신기
하군."

하리가 말했습니다.

"우리는 키만 줄어든 게 아니야. 몸무게도 100만분의 1로
줄어들었어. 그러니까 휴지에 개미 두 마리가 붙어 있는 셈
이지. 그러니까 종이가 끊어질 만한 무게는 아니야."

레오가 설명했습니다.

"어떻게 내려가지?"

"바닥까지 30cm는 되겠어. 그렇다면 우리에겐 30m의 높이

야. 뛰어내릴 순 없고……."

레오도 방법을 찾지 못하는 표정이었습니다. 그때 아버지는 재채기를 할 때 거울에 묻은 침을 닦아 내리려고 휴지를 잡아당겼습니다. 필요한 만큼 찢기 위해서입니다. 자연스럽게 휴지의 끄트머리가 바닥과 가까워졌습니다. 레오는 미소를 띠며 하리를 바라보았습니다. 바닥과의 거리가 2cm쯤 되었을 때 레오가 소리쳤습니다.

"하리, 뛰어!"

두 사람은 바닥에 뛰어내렸습니다. 약 2m의 높이에서 뛰어

내린 셈입니다. 두 사람은 화장실을 빠져나가기 위해 문으로 열심히 뛰어갔습니다. 양치질을 마친 아버지도 문 쪽으로 걸어갔습니다.

"갑자기 어두워졌어."

하리가 소리쳤습니다.

"하리, 머리 위를 봐. 아버지의 발이야."

레오가 소리쳤습니다. 하리는 있는 힘을 다해 옆으로 뛰었습니다. 다행히 하리는 레오 아버지의 발에 밟히지 않았습니다.

1분이 걸려 두 사람은 화장실을 빠져나왔습니다.

"와, 밤색 사막이야."

하리가 밤색 장판이 깔려 있는 거실 바닥을 보고 이렇게 소리쳤습니다. 두 사람은 거대한 거실 사막을 걸어갔습니다.

"배고파."

하리가 배를 움켜쥐며 말했습니다. 두 사람은 부엌 쪽으로 걸어갔습니다. 싱크대 위에서 떨어진 조그만 빵 조각이 두 사람 앞에 거대한 암석처럼 나타났습니다. 두 사람은 빵 조각을 파먹으며 끼니를 때울 수 있었습니다.

빵 조각으로 끼니를 때운 두 사람은 레오의 아버지를 찾기 위해 실험실을 향해 걸어갔습니다.

갑자기 시커먼 괴물이 두 사람 앞에 나타났습니다.

"저게 뭐지?"

하리가 두려움에 벌벌 떨면서 말했습니다.

"바퀴벌레야. 평상시에는 5cm 정도이지만 지금 우리에게
는 몸길이가 5m 정도인 동물로 보이는 거야."

레오가 말했습니다. 순간 바퀴벌레가 두 사람 쪽으로 기어
왔습니다. 두 사람은 벽 쪽으로 도망쳐 보았지만 바퀴벌레는
두 사람을 막다른 벽 쪽으로 몰았습니다.

"바퀴벌레에게 먹히겠어."

하리가 떨면서 말했습니다.

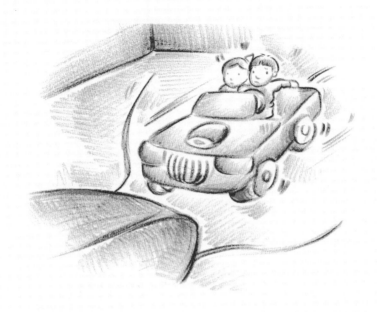

"저기에 올라타."

레오는 이렇게 소리치며 자신이 가지고 놀던 장난감 자동차에 하리와 함께 올라탔습니다. 레오는 차의 뒤쪽에 있는 스위치를 켰습니다. 차는 무서운 속도로 바퀴벌레를 향해 움직이기 시작했습니다.

레오는 차 안에 있던 샤프펜슬 심 조각을 바퀴벌레를 향해 던졌습니다. 심 조각은 무서운 속도로 바퀴벌레를 향해 날아가 몸에 꽂혔습니다.

"우리가 바퀴벌레를 잡았어. 근데 바퀴벌레가 왜 샤프펜슬 심 조각에 맞아 죽은 거지?"

하리가 물었습니다.

"샤프펜슬 심 조각의 속도가 커서 그래."

"그렇게 빠르게 던진 것 같진 않은데."

"너는 움직이고 있는 차 안에서 봐서 그래. 일반적으로 움직이는 차에서 차와 같은 방향으로 던져진 물체의 속도는 원래 물체의 속도와 차의 속도의 합이거든."

"차가 빠르니까 샤프펜슬 심의 속도가 아주 커지겠구나."

"바로 그거야. 빠르게 날아간 물체는 상대방에게 큰 충격을 주거든. 그래서 바퀴벌레가 죽은 거야."

레오가 설명했습니다.

"근데 어떻게 우리가 줄어든 걸 너희 아버지께 알리지?"

하리가 물었습니다.

"좋은 생각이 있어."

레오가 말했습니다.

"뭔데?"

"이 차를 타고 아버지에게 부딪치는 거야. 그러면 아버지가 우리를 알아볼 수 있을 거야."

레오는 이렇게 말하면서 달리는 차의 스위치를 껐습니다. 순간 두 사람은 앞으로 튀어 나갔습니다. 그리고 차는 조금 더 굴러가다가 멈춰 섰습니다.

"그런데 우리가 왜 튀어 나간 거지?"

하리가 물었습니다.

"관성 때문이야. 우리는 계속 가고 싶어 하는데 차가 멈추니까 결국 우리만 튀어 나가게 되는 거지."

레오가 이렇게 말하면서 거실을 둘러보았습니다. 아버지가 있는 곳을 찾기 위해서였습니다. 저 멀리 아버지가 소파에 앉아 TV를 보고 있었습니다. 두 사람은 아버지의 발을 향해 차를 돌려놓고 다시 차에 올라탔습니다.

레오가 차의 스위치를 켜자 두 사람을 태운 차는 아버지의 발을 향해 돌진했습니다. 아버지의 발에 부딪친 차는 나동그

라졌고 두 사람은 차에서 내동댕이쳐졌습니다.

"누가 장난치는 거지? 레오, 어디 숨어서 장난치고 있니?"

아버지는 레오가 장난치는 줄 알았나 봅니다. 아버지는 차에서 건전지를 **빼**내었습니다. 하지만 차 안에는 이미 레오와 하리가 없었기 때문에 두 사람은 아버지의 눈에 띄지 않았습니다.

"실패야."

레오가 한숨을 쉬며 말했습니다.

"레오, 다른 방법을 찾아봐."

하리가 레오를 격려했습니다.

레오의 아버지는 돋보기를 꺼내 소파 앞 미니 탁자에 놓인 신문을 보고 있었습니다. 나이가 들어서 작은 글씨가 잘 안 보이기 때문입니다.

"하리, 좋은 생각이 떠올랐어!"

레오가 박수를 치며 소리쳤습니다.

"뭔데?"

하리는 시큰둥한 표정으로 대답했습니다.

"돋보기는 물체를 크게 보이게 하잖아? 그러니까 우리가 신문 위로 올라가는 거야. 그럼 아버지가 우리를 발견할 수 있을 거야."

"좋은 생각이긴 한데……, 어떻게 탁자 위로 올라가지? 아주 높아 보이는데……."

하리는 탁자 위를 올려다보고는 낙담한 표정을 지었습니다.

레오는 주위를 돌아보았습니다. 자신이 가장 아끼는 비비탄 총이 눈에 보였습니다.

"그래, 저걸 이용하는 거야!"

레오가 소리쳤습니다.

"총으로 어떻게?"

"나는 비비탄 총에서 총알이 나가는 속도를 알아. 총알 대신 내가 들어가는 거야. 너는 방아쇠를 당기고. 총을 위로 적당히 받치면 내가 탁자 위에 떨어질 수 있어. 그런 걸 계산하

는 게 물리학이거든."

"나는 어떡해?"

하리가 걱정스러운 표정으로 물었습니다.

"일단 내가 아버지 눈에 띄어 다시 커지면 우리가 너를 찾아 줄게. 너는 총의 방아쇠 속에 들어가 있어. 그래야 우리가 찾기 쉬우니까."

레오는 머릿속으로 계산하기 시작했습니다. 레오는 이미 비비탄 총으로 실험을 많이 해 봤기 때문에 총알이 튀어 나가는 속력을 알고 있었습니다. 그래서 총구의 각도만 잘 조정하면 자신이 탁자 위에 떨어질 수 있다고 생각한 것입니다.

탁자에 부딪히는 순간의 충격을 줄이기 위해 레오는 탁자

위에 놓여 있는 아버지의 털모자에 착륙할 계획을 세웠습니다. 드디어 정확한 계산이 끝난 레오는 비비탄 총의 총구를 계산된 각도가 되도록 들어 올렸습니다.

"자, 이제 모든 게 준비됐어."

레오는 총구 안으로 들어갔습니다. 그리고 하리는 방아쇠를 잡아당겼습니다. 용수철의 탄성력에 의해 레오는 포물선을 그리며 털모자 위로 떨어졌습니다. 털모자가 푹신해서 큰 충격은 없었습니다.

"성공이다."

레오는 신이 났습니다. 그리고 아버지가 돋보기를 대고 들여다보고 있는 방향을 유심히 살펴보았습니다. 그리고 신문

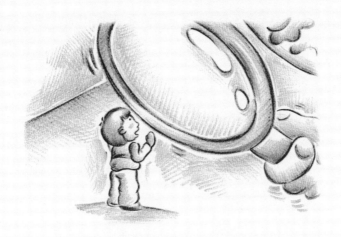

위를 걸어가서 아버지가 읽고 있는 글자 주위에 서서 아버지
에게 소리를 질렀습니다. 물론 레오의 소리가 너무 작아 아
버지에게 들리지는 않았습니다.

레오의 아버지는 돋보기로 기사를 보다가 아주 작은 레오
를 발견했습니다. 레오가 무언가를 외치고 있었습니다.

"레오?"

아버지는 돋보기를 레오에게 더 가까이 가져다 대었습니
다. 틀림없는 레오였습니다.

"레오! 네가 맞구나?"

아버지는 놀란 표정으로 소리쳤습니다. 아버지는 레오를 조
심스럽게 들어 손바닥에 올려놓았습니다. 그리고 서둘러 실험
실로 갔습니다. 그러고는 레오를 망원경 모양의 기계 앞에 놓고

스위치를 눌렀습니다. 이번에는 오렌지빛 광선이 레오의 몸에 쏘여졌습니다.

잠시 후 레오는 아버지의 얼굴을 보았습니다. 전에 보던 크기의 아버지였습니다.

"아버지도 줄어드신 거예요?"

레오가 물었습니다.

"아니! 네가 다시 원래의 크기로 확대된 거야."

아버지는 빙그레 웃으며 말했습니다. 레오는 주위를 둘러보았습니다. 모든 것들이 원래 크기로 보였습니다. 그때야 레오는 자신이 원래 크기로 돌아왔다는 것을 비로소 알게 되었습니다.

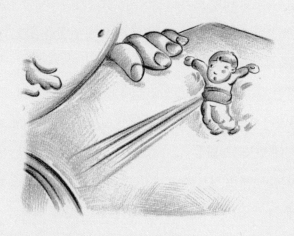

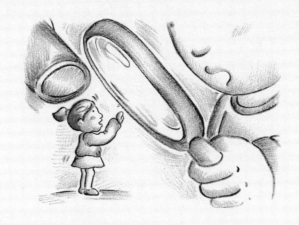

"앗! 이러고 있을 때가 아니지?"

레오는 갑자기 방아쇠에 있는 하리가 떠올랐습니다.

"아버지! 제 친구 하리도 줄어들었어요."

레오가 말했습니다.

"어디에 있는데?"

아버지가 물었습니다.

"거실예요. 총의 방아쇠에 있을 거예요."

두 사람은 서둘러 거실로 갔습니다. 조심스럽게 거실 바닥
을 걸어가면서 두 사람은 돋보기로 하리를 찾았습니다. 방아
쇠 옆에 하리가 서 있었습니다.

"하리야!"

레오가 조그맣게 소리쳤습니다. 너무 큰 소리를 내면 하리

가 날아갈지도 모르기 때문입니다. 레오의 아버지는 하리도 확대시켰습니다.

"아! 이제 바퀴벌레 따윈 무섭지 않아."

원래의 크기로 돌아온 하리의 첫마디였습니다. 아마도 거실에서 있었던 바퀴벌레와의 전투가 하리에게는 끔찍한 경험이었나 봅니다.

아버지는 갑자기 축소기를 바닥에 던져 부수어 버렸습니다.

"아버지! 그 귀중한 기계를 왜 부수는 거예요?"

레오가 물었습니다.

"너희들처럼 실수로 무엇인가 줄어들었다가 못 찾게 될지도 모르잖아. 과학이 아무리 중요해도 사람 목숨보다 중요할

순 없는 거란다.”

아버지는 두 사람에게 미소를 지으며 힘들게 만든 기계를 그다지 아까워하지 않는 표정이었습니다. 잠시 후 어머니가 사과를 가지고 왔습니다.

“우아! 거대한 공이다.”

하리가 줄어들었을 때의 기억을 되살려 사과를 보며 말했습니다. 두 사람은 사과를 먹으며, 잠시였지만 자신들이 벌레만 한 크기로 줄어들었던 신기한 여행에 대한 얘기를 아버지와 어머니에게 들려주었습니다.

갈릴레이는 이탈리아의 피사에서 태어났습니다. 음악가였던 아버지는 갈릴레이가 의사가 되기를 원했습니다.

갈릴레이는 부모님의 뜻대로 피사 대학에 입학하여 의사가 되기 위해 공부하였으나, 의학 공부보다는 수학에 더 큰 흥미를 갖게 되었습니다. 결국 의학 공부를 도중에 그만두고 피렌체에서 수학 연구를 계속하였습니다.

갈릴레이는 1589년에 피사 대학의 수학 강사가 되었으며, 나중에는 베네치아 공화국의 파도바 대학에서 학생을 가르쳤습니다.

1609년에는 네덜란드에서 발명된 망원경을 개량하여 천체를 관측하는 데 처음으로 사용하였습니다. 이때의 관측으로 달의 표면에 산과 계곡이 있다는 것, 금성이 달처럼 모양이 변한다는 것, 태양에 흑점이 있다는 것, 은하수가 많은 별이 모인 것이라는 것, 목성 주위에 4개의 위성이 돌고 있다는 것을 발견하였습니다. 이때 갈릴레이는 지구가 돌고 있다는 지동설이 성립한다는 것을 알게 됩니다.

그러나 갈릴레이의 지동설은 교황청으로부터 금지당하고, 지동설을 주장한 죄로 종신형을 선고받고 엄격한 감시를 받으며 고독한 삶을 보냈습니다.

그런 상황에서도 갈릴레이는 연구를 계속하여 1638년 《신과학 대화》라는 책을 출판하였습니다. 그는 오랜 시간 동안 망원경으로 천체를 관측한 탓에 실명에 이르게 되었고, 결국 1642년에 세상을 떠났습니다.

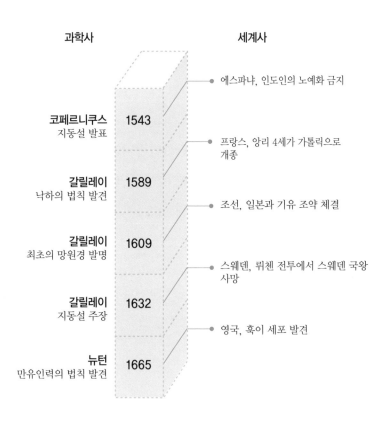

과 학 연 대 표

언제, 무슨 일이?

과학사

세계사

● 에스파냐, 인도인의 노예화 금지

코페르니쿠스
지동설 발표

1543

● 프랑스, 앙리 4세가 가톨릭으로
개종

갈릴레이
낙하의 법칙 발견

1589

● 조선, 일본과 기유 조약 체결

갈릴레이
최초의 망원경 발명

1609

● 스웨덴, 뤼첸 전투에서 스웨덴 국왕
사망

갈릴레이
지동설 주장

1632

● 영국, 훅이 세포 발견

뉴턴
만유인력의 법칙 발견

1665

1. 중간에 빠르기가 달라지는 것은 고려하지 않고 전체 거리를 걸린 시간
   으로 나눈 속력을 그 시간 동안의 ☐☐ ☐☐ 이라고 합니다.

2. ☐☐ 는 물체의 빠르기뿐 아니라 물체가 움직이는 방향까지 나타내는
   양입니다.

3. 물체의 속도가 증가하면 ☐☐☐ 의 방향은 물체가 움직이는 방향입니
   다.

4. ☐☐ ☐☐ 하는 물체가 3초에 걸쳐서 매 1초 동안 떨어진 거리의
   비는 $1^2 : 2^2 : 3^2$입니다.

5. 그네의 주기는 그네에 탄 사람의 ☐☐ 과 관계없습니다.

6. 물체가 가속도를 받지 않을 때 물체가 일정한 속도를 유지하려는 성질
   을 물체의 ☐☐ 이라고 합니다.

7. 일정한 속도로 움직이는 곳은 정지해 있는 곳과 물리 현상이 달라지지
   않습니다. 이러한 곳을 ☐☐☐ 라고 부릅니다.

종이와 지우개를 같은 높이에서 동시에 떨어뜨리면 지우개가 먼저 떨어집니다. 갈릴레이의 자유 낙하 법칙에 의하면 동시에 떨어져야 하는데, 왜 이런 결과가 나올까요? 그것은 바로 눈에 보이지 않지만 지구를 에워싸고 있는 공기가 낙하하는 물체에 다른 크기의 저항력을 작용하기 때문입니다.

이 저항력을 공기 저항력이라고 하며, 지우개는 공기 저항력을 적게 받고 종이는 공기 저항력을 크게 받기 때문에 종이가 더 천천히 떨어지는 것입니다.

공기 저항력의 존재를 몰랐던 고대 그리스의 아리스토텔레스는 돌멩이와 깃털을 동시에 떨어뜨렸을 때 돌멩이가 먼저 떨어지는 것은 돌멩이가 더 무겁기 때문이라고 생각했습니다. 그래서 그는 같은 높이에서 떨어지는 물체는 무거울수록 빨리 떨어진다는 낙하 법칙을 발표했고, 갈릴레이가 등장할 때까지 모든 사람들은 아리스토텔레스의 낙하 법칙을 사실이라고 믿었습니다.

하지만 피사의 사탑에서 한 갈릴레이의 유명한 낙하 실험을 통해, 갈릴레이는 아리스토텔레스의 낙하 법칙이 옳지 않으며 물체의 무게와 관계없이 모든 물체는 같은 높이에서 낙하하면 동시에 바닥에 도착한다는 낙하 법칙을 만들었습니다.

그로부터 300년이 흘러 갈릴레이의 낙하 법칙을 명확하게 입증하는 실험이 이루어졌습니다. 1971년 7월 아폴로 15호가 달에 도착했습니다. 달 표면을 탐사한 아폴로 15호 선장 스콧은 공기가 없는 달에서 해머와 매의 날개 깃털을 같은 높이에서 떨어뜨렸습니다. 두 물체는 동시에 달 표면에 닿았습니다. 그 순간 스콧은 "갈릴레이의 말이 옳았어!"라고 말하며 탄성을 질렀다고 합니다.

이렇게 공기가 없는 달에서는 공기 저항력이 작용하지 않기 때문에 깃털처럼 가벼운 물체도 돌멩이처럼 빠르게 낙하합니다.